思考致胜

如何成为一个很有想法的人

黄仁杰◎著

金城出版社
GOLD WALL PRESS
中国·北京

图书在版编目（CIP）数据

思考致胜：如何成为一个很有想法的人 /黄仁杰著.—北京：
金城出版社有限公司, 2020.3
ISBN 978-7-5155-1916-6

Ⅰ. ①思… Ⅱ. ①黄… Ⅲ. ①思维方法—通俗读物
Ⅳ. ①B80-49

中国版本图书馆CIP数据核字（2019）第 244920 号

思考致胜：如何成为一个很有想法的人

作　　者	黄仁杰
责任编辑	李　涛
责任校对	岳　伟
责任印制	李仕杰
开　　本	880 毫米 × 1230 毫米　1/32
印　　张	9
字　　数	230 千字
版　　次	2020 年 3 月第 1 版
印　　次	2020 年 3 月第 1 次
印　　刷	天津旭丰源印刷有限公司
书　　号	ISBN 978-7-5155-1916-6
定　　价	48.00元

出版发行	**金城出版社有限公司** 北京市朝阳区利泽东二路3号　邮编：100102
发 行 部	（010）84254364
编 辑 部	（010）64391966
总 编 室	（010）64228516
网　　址	http: //www.jccb.com.cn
电子邮箱	jinchengchuban@163.com
法律顾问	北京市安理律师事务所 18911105819

前 言

99%的成功者都有自己独特的观点

“做个会思考、有想法的人！”这是多年前，一位长辈在我正式踏入社会前给出的忠告。他告诉我，这个时代一直都是由那些能够进行深度思考、拥有独特观点的人在掌控。这些年，我在各种场合反复验证，的确发现，在这个机会平等的社会中，那些能够晋级为成功者的，无一不是懂得深度思考并敢于陈述自己独特观点的人。

现任格力集团董事长董明珠，在职位还是“经营部部长”时，便看透拖欠货款是制约空调企业发展壮大的最大桎梏，她面对格力经销商发表了惊人观点：不管经销商是大还是小，一律“先交钱再提货”，一举打破空调业内“先发货后付款”的潜规则。此举让格力正式开创了在空调行业货款100%回笼的奇迹。

十几年前，马云直言，互联网P2P业务想要发展，首先要解决网购产生的“信任危机”，并因此直言，第三方担保交易平台有必要存在。2004年底，支付宝面对各方压力最终上线。如今，以支付宝为代表的第三方支付平台正在成为中国乃至全球巨变的代表性产品。

刘强东笃定，想要在电商大战中保持长盛不衰的地位，京东必须建立独立的物流体系。在董事会与高管反对声频现的压力下，他强势将观点落实为现实。现在，京东已成为国内唯一可与阿里体系下的淘宝抗衡的电商品牌。

与上述一样的成功者还有很多，他们都有一个共同的特点：站在本领域，利用个人专长，对当下展开深度思考，进而贡献出独特的个人观点。如今，这些独特观点已变成他们个人事业中熠熠生辉的重要成就，改变着世界前进的节奏。

身处崇尚独立与个性化的时代中，能够进行深度思考并贡献出独特观点，对于改善个体生存质量有着毋庸置疑的重要作用。没有人想做沉默的大多数，更没有人总是乐于照本宣科，而摆脱这种大众化平庸的关键就在于，能够发表属于自己的独特观点。

独特观点是个人以独立视角观察世界的直接体现。你的思考是明智还是浅薄，你的能力是突出还是平庸，都会通过个人观点得以凸显。

比如，有人问8的一半是什么，很多人会回答8的一半当然是4，有的人会说8的一半是3或者0，有的人甚至会认为8的一半是由两个太极组成的——不同的观点呈现出来的是不同的思维模式，而具有深度又合乎逻辑的思考总是会产生独特的见解，成为一种创新，这是一种能力，更是一种智慧所在。

拥有这样的能力，你的思维会摆脱平庸。更重要的是，在养成了深度思考的习惯后，你会看到问题的本质，并找到解决问题的逻辑框架与有效方法。告别浅薄的思考会产生积极的创意，不仅有益于个人观点与形象的凸显，更会成为协助个人走向未来的重要人生力量。

若你追求卓越，不甘平凡，你应该学习如何展开深度思考，让自己的观点变得独特，因为这本身就是一种向世界发声、让众人看见的有效途径。

目 录

第一章 观察的个性决定信息的独特性

对于深度思考来说，观察显得极其重要。只有个体拥有较强的观察力时，他才能从观察的对象上发觉他人未曾发现的特点，而个性化的观察方法才有可能让他找到独立性的信息，并进而悟出他人之未悟、未感受到的内容。拥有细致与有个性的观察力，你才能获得塑造自我想法的基本素材。

第二章

想创新？想个性？你必须深入理解

如果你想对一件事发表足够个性化的看法，那么你必须要对它保持足够的熟悉度。失去了深入的理解，你不可能发现问题或事件中的规律，更不可能从中发掘他人未曾意识到的新观点、新看法。这就意味着，先深入理解你面前的问题或事件，并从中找出真正重要的内容，是形成个性化想法的重要前提。

第三章

深度思考的七大路径

想法不会轻易出现，一个有积极作用的想法更不会让你随意捕获，哪怕是最直接的思考方式，也需要在刺激下才能诞生灵感。深度思考的七大路径，能够让你超越眼下的现实局限去面对问题。这些问题能够在你过往的经验、能力基础上，诞生新的灵感。

第四章 运用“元问题解决者”视角

想成为一个有想法的人，你必须进行深度思考，让自己立足元问题解决者的角度去看待问题。元问题即第一个问题，即最根本、最基础的问题，通过解决元问题从而解决其他衍生问题。

第五章 创新思维算法，提炼意想不到的见解

“算法”是数学与人工智能领域中的基础概念，在思维领域中同样存在算法。不同的思维算法，决定了解决问题的速度、视角皆有不同。创新思维算法，即通过观察外界及从他人的算法中汲取经验等多种渠道，反思如何才能获得更多观察事物的角度，如何才能获得更有创意的问题解决之道，从而提炼出意想不到的见解。

第六章

用意识流强化“你”的意见

人的思维活动是一条连续不断、包括了多层次思想的“流”，这种意识流如同一条流动的小河，让人无法忽视。因为个人操作方式的错误，很多人都不懂得如何形成有效的个人意识流。解决这一问题的关键在于，平日里要通过阅读、有效组合观点等多种方法，来丰富与强化个人意识流。

第七章

立足有效输出，开口就有好观点

有效的意识流并不足以让你的意见被肯定，你还需要有效输出加以辅助。当你能够分层次、有条理地勇于发表并坚持自己独到的见解时，你才算是塑造出了一个完整的“有想法”形象。听起来“有效输出”很简单，但做起来并不容易，它需要你能够在逻辑化的基础上将深度思考的内容表述出来。

SIKAOZHISHENG

第一章

观察的个性决定信息的独特性

对于深度思考来说，观察显得极其重要。只有个体拥有较强的观察力时，他才能从观察的对象上发觉他人未曾发现的特点，而个性化的观察方法才有可能让他找到独立性的信息，并进而悟出他人之未悟、未感受到的内容。拥有细致与有个性的观察力，你才能获得塑造自我想法的基本素材。

1. 别人看得到，你为什么看不到

在谈观察的重要性以前，我们先来看一个故事。

丙吉为西汉名臣，因拥立汉宣帝有功，而被列为“麒麟阁十一功臣”之一。一次他外出巡游，看到田头一群人在因为琐事打架，停下来看的时候，又发现田头的几头耕牛无精打采卧在地上。

他询问养牛人，为什么牛这样没有精神。对方回答，它们已经好几个时辰没有喝水了，因此，口渴得走不动路。

对于群殴事件，丙吉并未过问，但对耕牛口渴事件，他却询问得极其详细，并立即回到衙门处理。

如果是你，你会怎样做?

一般人可能会去解决群殴事件：一来，这件事情参与者多，而且当日势头猛烈；二来，与牛相比，人的兴趣肯定在于人事。

但为什么丙吉会更关注耕牛?

他有自己的理由：百姓打群架，治安的官吏管理就行了，像这种群体性斗殴事件频繁发生，并不会产生多么严重的后果；但是，耕牛在播种时期却没有水喝，以至于没有力气去耕田，则说明此时气候异常，水源供应不足——在大旱之季水源供应不足，可能会导致颗粒无收，这可是会动摇国体的大事件！

看到这里，我们便可以理解，为何丙吉会格外关注耕牛口渴。

现实生活中，这种观察入微、看到重要信息的能力着实可贵：它会通过全面化你的思考，帮助你发现习以为常的问题。不过，想要获得这种能够看到事物的能力并不容易，需要你拥有丰富的相关经验，并由此建立起有效的心智模式。

- **看到源于脑中原有此模式**

“看”是我们从事物获得信息的方法，而通常情况下，人们普遍认为，想要从一个事物得到更多信息，最重要的是要更认真、更仔细、更用心地去看。也正是出于这一理由，我们会误以为那些能够在同样的信息面前看到事物本质的人，是因为他们看得更用心、更认真。

当然，有人将之简单地归纳为“观察力强”——那些能够看出事物深层结构的人，是因为他们本身就具备极强的观察力。

可事实上，这个世界并不存在通用意义上的“观察力”，并没有人能够在所有事情上都表现出高观察力。如果一定要说某人具备极强观察力，也往往是针对某一模式而言。

在一次与出版社编辑面对面交流时，负责编辑接过我的书稿看了也就几秒钟，便找出了好几处格式不符合出版规范的地方——要么是字体不一致，要么是标点符号并非中文格式。

“为什么你能看出来？我已经很认真地看了好几遍，都没看出来。”我问他。

“工作干得久了，自然能一眼发现问题。”编辑笑着告诉我。

这种“干得久”了，其实就是在脑中存储了相应的文字模式，并在实际工作中不断地熟练应用。由此，可以依据于模式，很快地捕捉到那些与出版规范不符合的内容。这在我眼看来，他自然就属于“观察力”强的那种人。

因此，能不能看出问题所在，其实与观察得是不是仔细并无大关联，而是在于个人脑海中是否有相应的模式。

• “看到”≠“发现”

普通人认为，我们“看”东西，就如同拍照一样：用眼睛取景、拍摄后，存到大脑里；看得太多时，大脑便放不下，所以会将“老照片”删除——就如同遗忘一样。

可大脑的信息处理过程并非如此。我们的大脑只会抽取其中对我们识别外物有用的部分信息，我们的眼睛所捕捉到的信息，只有1/3000能够进入我们的短期记忆。简而言之，我们所看到的事物，其实经过了大脑简化。

我们观察一个物体时，若大脑中事先并没有相应的模型存在，那么不管怎样观察，都无法完成识别。心理学家做过这样一个实验：

他们请刚会爬的婴儿在台子上爬行，并在孩子与妈妈之间设置了一个装上了玻璃设置的“悬空栈道”。面对这个其实有保护措施的栈道，刚刚会爬的婴儿毫不犹豫地爬向妈妈，而稍微大一些的婴儿却不敢爬。

这个经典的实验告诉我们：连“高度”这种看似简单的认知模型，其实也是在后天学习中建立起来的。

• 有模型才有“看得到”

观察认知事物，第一步是先建立模型：当你的大脑里没有相应模型时，不管你观察得多仔细、多用心，都不会发现有用的信息。从这一意义上来说，我们脑海中的模型是识别事物必备的“预备知识”。

如何建立起能够“看到问题”的模型？其关键点就在于找到自己的专业领域，并尽可能多地学习该领域的知识与技能，直到从“熟悉”发展到“真知”。

青霉素的发明就是如此。

亚历山大·弗莱明之所以会注意到试验用的载玻片上突然出现了可以抑制葡萄球菌生长的某种霉菌，并意识到它可以用来治疗感染，是因为他对“感染”这件事情拥有足够的认知。在第一次世界大战期间，亚历山大·弗莱明担任了很长时间的战地医生，震惊于战地感染造成的人员死亡。由此，他在做试验时才会注意到这个被前人“看”到却忽视的霉菌。而这一霉菌正是帮助医生从死神手中挽回无数人性命的青霉菌孢子。

正如之前说过的，不存在普遍意义上的“观察力”，你想要看到哪个领域内的问题，你想要重点观察哪一领域，就必须要在该领域积累足够的经验与知识，更要熟练地知道自己在该领域中会遇到什么样的问题，以及问题的正确解决模式是什么。

有关这些知识与经验的“知道”，其实就意味着你经历、见识过，而这些“知识”就是个人有关该问题的认知模型的“预备知识”。

是否具有深度思考的能力，是否能够从普通事物中观察到不寻常的东西，关键就在于“安装”了什么样的心智模型，有关某一领域的模型装得对不对，预备知识准备得多还是少。

如果你的心智模型在专业领域内不足，你就会如同无法识别出文章错误的我一样——信息就摆在你的面前，可你就是没办法识别它。

2. 先看“是什么”，再想“怎么做”

看到了问题，是不是就意味着立即能够下手去解决？

很显然，我们有必要先看清楚，自己面临的到底是什么样的问题，是不是有必要去解决，然后再决定是否要去解决，要怎么解决。

一位创业期的朋友来咨询我，说他公司的员工流失率奇高，而找来那些已经递过辞呈的员工聊了一下后得知，员工们普遍认为公司工资太低。

“现在市场上的工资水平是多少？我是不是该给员工涨基本工资了？”朋友问我。

在我看来，此时去解决工资问题，只会导致问题走偏。我帮助他将公司的薪资与竞争对手比较后发现，他公司提供给员工的薪资数额属于中上等。

那为什么员工流失率奇高？

因为公司内与员工相关的成长体系、薪酬体系都存在严重不足，而且公司文化氛围也没有营造好。从其他公司跳槽过来的员工，目的只有一个——拿更高的工资。

当员工的诉求只有“钱”时，管理者往往需要支付超过正常水平的薪资，才能弥补其他方面的不足。一旦公司提供的薪资与普遍工资相比超出额度不够震撼时，员工就会感觉自己吃亏了。这样一来，员工流失率自然会增高。

因此，朋友的公司所面临的问题并不是支付给员工的薪水低，而是整个薪酬体系与成长体系未能搭配好。

很多时候，我们看到或听到的问题，其实都是表象问题，与真正的问题往往差了“三条街”。这“三条街”即常见的认知三偏差。唯有了解并排除了这三种偏差，我们才能确定自己是否要花费时间与精力甄别与该问题相关的信息。

- **了解并规避认知三偏差**

认知三偏差是搞清楚“是什么”的重要前提。

◆ 理解偏差：先了解对方的要求是什么

它常常会出现在别人要你解决问题时。

你或许有这样的经历：上司交给你的任务，因为时间较急，于是，在没有经过仔细沟通与了解任务类目的情况下，你按着平日里自己的工作习惯完成了任务。可是当你向上司交差、期待得到赞许时，却被告知，你对任务的理解不对，需要重新完成。

解决理解偏差的最好办法是提问，问对方真正需要的是什么。比如，如果上司需要你做一份行业调研，你就有必要澄清图1–1中的内容。

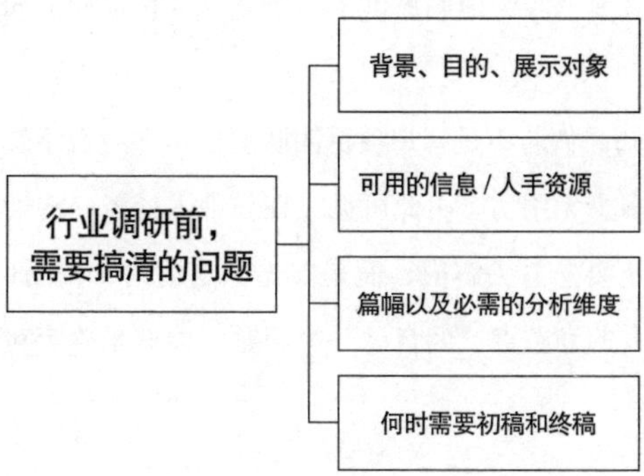

图 1–1　行业调研相关问题

• 隐藏偏差：先了解对方的主要需求是什么

这种偏差往往出现在与他人有观点或行为上的冲突时，所以要深入地了解相关信息。

产生隐藏偏差，往往是因为个人实际需求与口中所说的需求不对称。每一个人都有自己的社会角色，所说未必所想。因此，当你与他人产生冲突时，不要急着去解决表面问题，而要去挖掘对方内心真正的需求，从而找到真正的问题所在。

某公司曾经做过一个项目，最终方案走了几遍流程，但总是在某位关键决策人物那里卡住。团队与之沟通了多次，方案也改了好多遍，分析与论证的材料堆了将近一尺高，可他每一次都能找出问题来。

最后，还是对方的团队提供了相关的背景。原来，这位高管是一位“空降兵”，而他的前任在团队中拥有极高的威信，与快速拍板这个项目相比，他眼下的当务之急是让团队相信他是真的有能力使团队利益最大化。可是，我们提交的几个方案，都不同程度导致了他的团队利益分配不均衡，他很难向下沟通与交代。

找到了原因，问题就好解决了。公司在此基础上，给了这位高管一个过渡方案，并为他们提供了一个充足的过渡期，问题自然迎刃而解。

可想而知，倘若不是客户项目团队的揭示，我们不知道还要在表象问题上做多少无用功。由此可见，在与他人交流、沟通时，一旦起了冲突，先不要急着去解决，而是要先稳定情绪，按图1–2所示的方法，围绕对方的利益点，问自己三个问题，以此来确定对方的真正需求是什么。

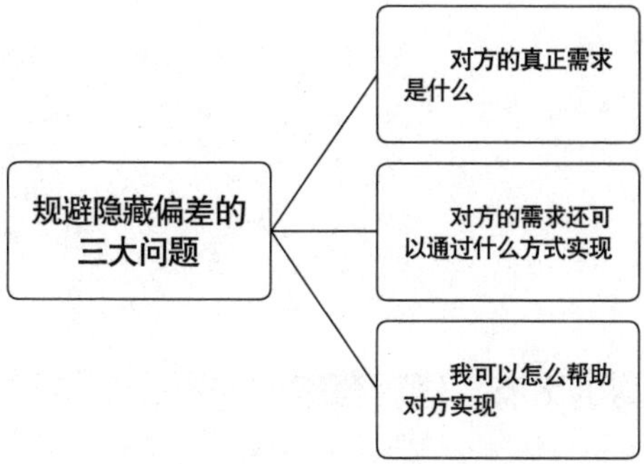

图 1–2　规避隐藏偏差的三大问题

- **成因偏差：搞清楚事情的来龙去脉**

与前两种偏差相比，成因偏差常常会出现在解决商业性的问题上，所以更要详细分析。而我们在前面提到的朋友公司里员工大量离职的事件，便是此类偏差的典型案例。这类案例揭示了这样的事实：很多问题其实并不像表面看到的那样简单，它们往往有更深入、更根本性的原因，如果无法将这些原因找出来并一一解决，那么问题便不会得到彻底解决。

因此，我们需要搞清楚：事情到底是怎么发生的，如何解决根源性问题，只有找到了根本性问题，问题才不会流于表面。

经过这三个步骤，便可以找到那些与真正的问题相关的信息要点。接下来，便需要考虑如何才能更有效地搜集到可供决策的信息。

3. 从需求出发，确定有效的决策原材料

观察的过程中，搜集信息是必经阶段。值得警惕的是，我们身处互联网信息时代，只要打开网页，便能获得各个领域内的多种可用资料，但大量的信息也会导致观察与思考走向歧路。因此，我们有必要了解如何更有效地搜集信息，如何深入信息并把握其中蕴含的相关信息。

这意味着我们做出最佳决策比以往更加重要。

既然信息是决策的原材料，我们就要循序渐进地去学习怎样分析它。

- **明白自己现在在哪里**

如果你不知道自己身处何方，你将无法观察到有意义的内容，更不能搜集到有意义的信息。

举个简单的例子。你正开车前往北京，并打算在那里住一夜。可是，在深夜的高速公路上，突然出现了你未曾预料到的情况——汽车油箱快没有油了。

这种情况下，是该立即找一家加油站去加油，还是要坚持到明天再去加油，取决于你与北京这一目的地之间的距离还有多远。

有些时候，找出“你在哪里”并不是一个地理位置问题。假如你知道公司明年的计划中，有可公费外派出国的某一重要工作，你很渴望得到这一工作。此时，了解并知道胜任这一工作所需要的相关能力是什么，自己需要针对性提升哪些能力才能被上司青睐、委派，便显得尤其重要了。

此时，这一工作所需要的能力与个人能力之间的差距，便是你为了获得工作而展开有效学习的最有效举措。

确立“你在哪里”，其实也就是我们之前提到过的“建立心智模式”的第一步。只有知道了“你在哪里”，你才能更好地运用自己所获得的信息。否则，你根本不知道哪些信息对你来说是有用的，或是找到这些信息，对你到底意味着什么。

• 决定哪些信息是你最需要的

如果你不问自己正确的问题，那么你永远也不可能得到正确的答案。因此，你在搜集信息以前，必须要意识到，哪些内容是自己最需要的。

如果你在开车前往北京的路上，看到油箱指示灯在闪烁，你必须决定自己是去找一家加油站先加油，还是继续开车前往北京。如果你是一家公司的决策者，你可能需要面临这样的问题：是否要从北京向外扩展，分公司是要设置在南京还是在郑州。

大部分时间里，决定自己需要什么并不难，只需要一瞬间的思考就能做出正确判断。但是，有些时候，你想明确自己的需要则并不简单。比如，如果你只是想提升顾客认可度，对你最有利的商业决策或许并不是开设新的分公司，而是要在本地市场上展开更努力地推广；只有当你的目的是“扩展业务范围”时，在南京或郑州开展业务才有意义。

换句话来说，有些时候，你必须要停下来，确定自己问的问题是正确的，只有这样，你才能确定，哪些信息才是自己最需要的。

- **更清晰地定义“信息”**

我们每一个人都有自己的偏见，而这些偏见有时候会成为“观点棱镜”——这种智力层面上的棱镜会让我们看不清事实的真相。

举例来说，你或许相信自己的某位朋友忠诚而可靠，且面对你从不藏私。比如，现在他正积极向你推荐一个号称盈利可观的项目。可那些真正拥有财务知识的人都知道，有些所谓的盈利项目其实是骗局。

再比如，你可能会认为，南京比郑州更有发展潜力，并因为郑州是河南这个农业大省的省会，而认为郑州发展滞后，但事实上，郑州不仅有国内一流的物流航空港，且有国家发展计划内的铁路南北车装备基地，而这些项目无疑会成为郑州经济进一步发展的助燃剂。

可当你在脑海中将郑州与“农业”“落后”等词汇联系在一起时，你的确会被自己的想法引导，并有意地通过偏见的棱镜来看待郑州。这样，你将看不到郑州蕴藏的经济力量及业已取得的成就，还有其作为重要省会城市所产生的积极作用。

想对事件或问题观察得更透彻，你就必须清晰地了解信息，同时确认你与自己所追寻的事情真相之间没有棱镜。

清晰地了解信息，就如同你站在某地去观察一样：只有对人、地点、组织、情况等相关内容拥有正确的看法，才能够进一步分析信息。

- **确定哪些是你需要知道的**

一旦你明确了自己的真实目的，下一步就是列出信息清单，根据它来调整我们的决策。

比如，如果你想扩展业务范围，并将南京、郑州两地视为分公司目标所在地，你就需要知道，这两个地方有多大市场潜力，你在市场里有可能遇到哪些竞争对手，以及这两个城市中，办公室的租金分别是多少。

当你发现自己有太多信息需要了解时，最好的办法就是列出相应的信息清单。比如，开设分公司时，你就需要列出类似于表1–1的单子。

表 1–1　开设分公司，郑州 / 南京两地相关信息对比表

需要考察信息	郑州	南京
市场情况		
人口统计		
竞争者		
税务情况		
政府相关政策		
劳动法相关规定		
特定人才供应情况		

可以看出，上表中的信息对于“开设分公司”这件事情而言非常重要，一条都不能遗漏。

信息是决策的基本原材料，这就意味着你在搜集信息之前，在明确目的以后，暂时停下来思考，哪些是你做出更好决策所需要的信息“成分”。了解这些信息，并将它们一一补全，你才有可能得到真正地有利于决策的原材料。

4. 有效搜集，找出主要变量

任何一个问题的完美解决，都离不开充足的信息与全面的分析，所以信息搜集是开启问题解决的钥匙。不过，有效的搜集并非等同于“更多的信息”。

有些人认为有效的搜集就是“搜集到最多的信息”，他们的理由很充分：传播学上早有概念，掌握足够多的信息，能够有效消除人的不确定感，从而令人不再对问题抱有恐惧。

对此，我并不认可。我认可美国决策管理学家赫伯特·西蒙的观点——“满意即可，不要最优化”。

赫伯特先生这句话原本意指决策走向，但在我看来，这句话放在对做出决策、解决问题极端重要的信息搜集过程中同样有效。

“满意即可”，放弃“最优化”，其意即平衡成本与收益——决策是由人做出来的，而不管是被运用于决策的信息，还是做出决策的人，都有其局限性，只有放弃了追求理想化的“最优解”的想法，才能在有限的时间范围内，搜集到更有利于决策的信息。

有关这一点，我们可以看一个知识变现的例子。

某人一心想要找到最高效的英语学习方法，为此坚持找了一年之久。

在这寻找信息的过程中，存在着两个不可忽视的事实：

（1）他投入了许多时间与精力去搜集信息，亲身尝试诸多软件是否适合自我学习节奏，然后展开详细对比；

（2）他根本找不到这样的软件，因为一年的时间里，他已尝试过的英语学习软件早已推出了好几个新版本，而且还有更新、功能更全的新软件推出，这导致之前的对比完全无效。

即使最后真的找到了，这也是一例效率低下的错误决策，因为用低效的方式学习两年，效果要强过用所谓的高效方式学习一年。

这便揭示了有关信息搜集的一个重要前提：我们必须要运用自己的理性，以知识、逻辑为基础，展开信息搜集。在搜集信息以供决策的过程中，我们要做的第一步，就是找到可靠的信息源。

• 找到有针对性的信息源

如果你想帮助家人申请国外的大学，此时，最好的参考资源是有关该大学的课程、学费与奖学金相关信息，而该大学的校园官方网站是得到这些内容的最可靠来源。不过，如果你想了解在该大学生活、听课的具体感受，那最好登录与该校相关的论坛，去听听那些曾在该校就读的学子的感受体会。

同样，如果你想得到有关南京与郑州的创办公司的具体规定，最好的信息来源是这两座城市的相关政府机构。而如果你想得到这两个城市有关办公室租金与地点等方面的信息，你最好去联系一下城市所在地的地产中介。

在这一步中，最关键的就是找到最值得信赖的、针对性的信息源，而不是随意获取信息。

• 不要单纯依赖于网络

搜集可供解决问题的信息，与因为做一顿饭而出门去购物一样复杂。

我自己虽然不下厨，但因爱蹭饭吃，曾多次陪爱做饭的朋友一起去采购食材。有时候，为了做好一桌丰盛的饭菜，只去超市是不够的，还得驱车去几十公里外的菜市场采买一些稀缺食材。

搜集信息也是同样道理，很多人会单纯地依赖于“互联网”这一信息超级市场。可是，就如同最大的超市并非能买到做饭用的稀缺食材一样，并不是所有的信息都能在互联网上找到。

你必须要正视这一事实：只坐在办公桌前一直看电脑，不可能获得全面准确的信息，而不全面、不准确的信息，是不可能帮助你建立起独特的观点的，更不可能让你对问题形成有效的深度思考。

• 给自己充足的时间

当你需要搜集信息时，不要太匆忙——你可以从互联网入手，搜集到大概内容，然后选择不同的渠道去了解事情的真相。仅拿专业性问题来说，相关领域内的书籍、专业杂志、相关人士，都是你可以获取信息的重要来源。

不过，因为时间总是有限的，你必须把最佳的判断用在如何分配你信息清单中的每一个部分。

在这一过程中，你需要铭记：你所接收的信息元素并不是同等重要，而这些信息对你展开决策也不是同等重要。因此，当你搜集信息时，记得将自己的信息分成“必要信息”与“非必要信息”两类。

你必须从那些“必要问题”的答案开始，搜集那些必不可少的信息。如果时间允许，再去了解那些非必要信息。

总括一句话：有效搜集信息，从最可靠的信息来源找到那些对问题产生积极影响的主要变量，才是让观察变得个性的关键前提。

5. 将信息与心智模式相联

当你研究搜集来的信息时，第一件事情是寻找真相。

• 寻找信息的真相

如果是开车去北京，但半路车子快没有油了，你需要搞清楚油箱里还剩多少油，以及离北京还有多远。

如果要帮助弟弟申请国外的大学，那么了解一下纽约大学一年的学费是多少，而与此相对应，斯坦福大学一年的学费是多少也要了解。

找到所需要的信息，确认是准确的。但是，有时你会得到相互冲突的信息，举例来说，一个信息源报告说，纽约大学一年的学费是46170美元，但你从网友那里得来的说法却是59115美元。这就意味着肯定有一个消息是错误的，你必须找出哪一信息是正确的。

• 利用心智模式去看待信息

当你研究搜集到的信息时，最好学会利用心智模式。

利用心智模式去看问题是我们缩短判断时间、感知世界的天性式方式。举例来说，我们知道太阳东升西落，冬天要比夏天冷，看起来亲切和蔼的人要比表情冷酷的人拥有更多朋友。

更重要的是，我们还能够通过有效的心智模式即经验来预测未来。通过预测未来，我们可以在它发生前去进行改变。就拿“冬天比夏天冷”来说，为了不致在冬天到来时挨冻，人们会使用各种方法来储备能量、加热房间。我们从经验得知，上班高峰期的交通要比一天里的其他时间段繁忙，因此，当我们必须要在交通高峰时驾车去上班，我们可以早离开家几分钟，以确保就算遇到交通堵塞，也不会上班迟到。

此外，我们的大脑自觉寻找模式的这一设定，可以帮助我们找到超出预期的模式。回到前面的例子。如果你对比美国一些有声望的大学的学费，会发现普遍昂贵，但你依然可以找到一些明显学费偏低的大学。如果你经济条件不宽裕，会需要更多有关这方面的信息。如果试着在几个发展速度相对不那么快的地区开设分公司，你会发现这些地区的劳动力价格普遍低于发展速度快的地区，但也有一个或两个与其他地区相比，劳动力价格会高出一些，这些地区就是你不予考虑开设分公司的地区。

• 警惕碎片化信息

很多时候，我们选择出来的信息其实并非完全的、体系化的知识，而是碎片化的信息。这些信息多会将复杂事物简单化，它们往往只告诉我们表面化的东西。这类信息最大的特点有两个：

（1）你看的时候很兴奋，很多内容进入脑海里；

（2）可关了屏幕再回想时，你又说不出来自己到底看了什么。

也正是因为这些特点（见图1–3），碎片化信息往往并不能直接被运用于问题的解决或者事件的思考过程。相反，它们对于深度思考有极大的破坏作用。

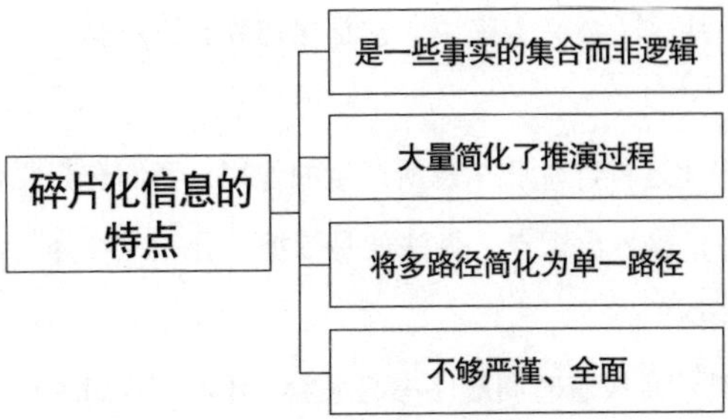

图 1–3　碎片片信息的四大特点

谈起碎片化信息的无用之处，我们有必要按着图1–4中的展示来了解知识的组成。

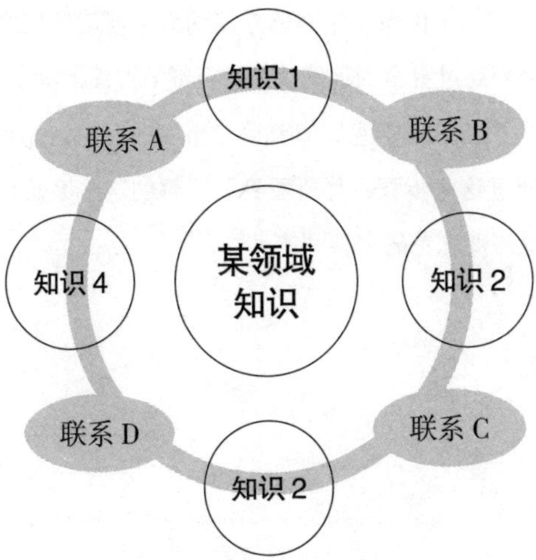

图 1–4　某领域知识的构成图

正如上图所示，事实是一个个的点，而联系则是将点链接成线，它们所构成的网络，便是知识结构。事实决定的是你的知识广度，而联系则决定了你的知识深度。但碎片化信息的最大特点就在于，它只呈现给你带耸动性、诱惑力的内容，却并未在信息与信息之间形成有效的联系。从这一意义上来说，它是在切割心智资源，而不是在整合与强化它。

为了弱化这种碎片化信息所产生的作用，我们有必要将碎片化的信息拼完整，提炼出观点，做法就是依据“分→总→分”式思维，按着下述步骤展开：

◆ 同类信息按着时间顺序串起来看。比如，你想关注“纽约大学学费多少”，就应在阅读过程中将这方面的信息搜集整理好，集中到一起看。

◆ 分清主流与支流。这一点在阅读碎片化信息时极其重要。此类信息最大的特点就在于喜欢使用极端、特殊的例子来造成“信息闪点”。比如，“某中国留学生痛陈在纽约大学就读费用之昂贵”，因此，我们有必要通过更全面地阅读来进行细节方面的确认。

研究你所搜集到的信息，直到确定事实的真相，并看到其中所蕴含的模式。通过这些步骤，你所看到、了解的这些原始材料，将进一步转化成可供深度思考的完整“产品”。

6. 分类是全面思考的天线

心理学家丹尼尔·卡尼曼将人的思维模式定义为两种：

（1）下意识快速运行的思维。不怎么费脑，没有感觉，属于完全自主控制的状态。这也是我们在前面提及的“心智模式”状态。

（2）使注意力转移到需要费脑力的大脑活动中来。这一思维模式的运行往往与行为、选择与专注等主观体验相关联。

本书讨论的“深度思考”即为第二种。

下意识的自然反应并不能起到积极作用，它通常需要运用既定知识与算法，对信息进行归类与筛选，然后再做出决策。不过，人的惰性以及注意力很难长时间集中这两个现实，决定了该思维模式在很大程度上对人类是不友好的。举个例子，可能会让我们更清楚这种不友好：大脑就如同电脑一样，而深度思考就如同消耗内存极大的软件一般，由于运算复杂，因此不管是开启还是具体操作，都会比一般软件需要的时间长。

使大脑习惯并长期保持这种不舒适的状态显然并不容易，不过，运用有效的MECE信息分类方法可以帮助我们训练这种能力。

- **用 MECE 实现对重大议题的有效分类**

MECE法的全称为Mutually Exclusive Collectively Exhaustive，其中文意思即“相互独立、完全穷尽”。该方法在运用于重要问题的思考时，可以做到对手头信息进行不重叠、不遗漏的分类，从而达到有效把握问题核心、找到解决方法的目的。

所谓的不遗漏、不重叠指的是，将某一整体划分为不同部分时，必须要保证划分后的每一个部分都符合图1–5中所示的两个条件。

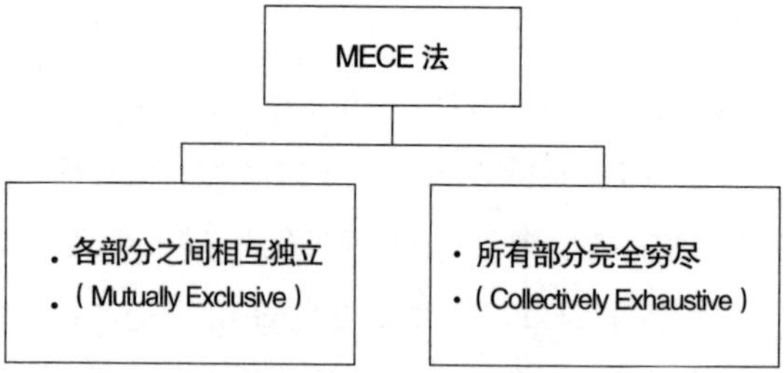

图 1–5　MECE 法构成图

其中，

◆ “相互独立”意味着在同一维度上，问题是被明确区分、没有重叠的；

◆ “完全穷尽”意味着全面、周密。

该方法有助于你从问题中找到所有影响预期目标的关键因素，从而使问题的解决变得相对简单起来。简单来说，我们的思维在运用MECE的过程中，需要呈现出一个类似于图1–6式的多层金字塔结构。

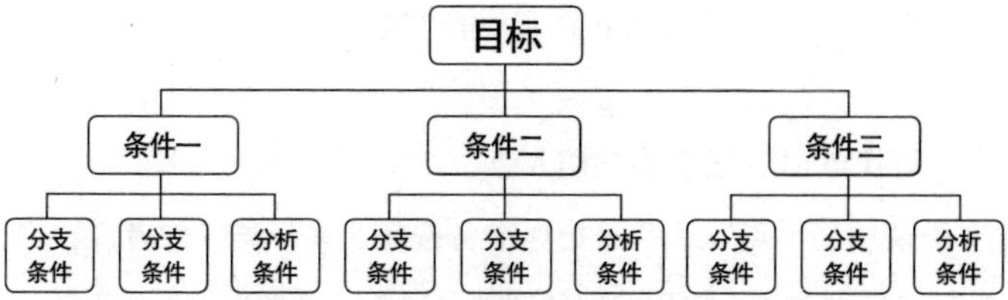

图 1–6 按 MECE 法分类的目标图

不过，理解这个结构虽然简单，但在运用过程中，大多数人会受困于细节。这就需要我们理解该方法的下述操作步骤。

- **确定问题核心，统领具体分析思路**

职场新人之所以无法提出工作的好想法，是因为他们无法准确地概括工作重点。这不仅影响工作效率，也会给人留下“没有想法”“不懂怎么去想问题”的印象。而MECE法的第一步，就是要挖掘出具体的、清晰的目标去思考。在这一过程中，常常会运用到的方法就是重点提取与有效转化。

举个最简单的例子。事关公司业绩的关键绩效指标往往位于金字塔顶层，而各个部门管理者的主要责任就是将诸如“如何在明年达成××业绩”这样的顶层目标进一步细化成清晰、具体、可执行的分解目标，此时，MECE便可依据于部门分类展开：

对于技术部门来说，重点要考虑如何按时或超前达成开发进度；

对于业务部门来说，需要思考如何在控制成本的情况下获得新的业务增长；

对于运营部门而言，需要考虑怎样才能协调内部的日常运转；

……

可以看到，在确定问题核心的同时，其实我们也已经确定了当下正在讨论的问题、想要达成的目标，而这一范围已使问题有了边界，这让“完全穷尽”成为一种正在实现的可能。

- **寻找与 MECE 符合的切入点**

所谓“切入点”，就是指你准备按什么来分类，或者说，当下问题的各个要素中，它们共同的属性是什么，是按事件重要程度、大小、时间排序、重要性，还是按照我们刚刚提到的部分分类？这一步往往是最困难但也最关键的，而达成它的关键就在于，一定要记得以终为始——当初要解决的“问题”或者展开分析的“目的”是什么。

换句话来说，你一定要反复确定自己希望分类以后可以解决什么问题，得出哪些结论。

如果实在想不到什么有效的分类切入点，你可以尝试最简单的“二分法”：A与非A。当初，可口可乐公司推出“七喜”这一新饮品时，便是运用的这一方法，它打出的宣传口号就是“非可乐”。而中国传统文化中的“阴与阳”“正与反”等，皆为此类分法。

当然，我们也可以执行“拿来主义”，这个世界上早就有很多分析模型，而且它们中的大多数都符合MECE原则，最著名的便是图1–7、1–8、1–9中所展示的一些框架模型。

图 1–7　讨论运营环境的 3C 原则

图 1-8　讨论成本改善活动的 QCD 原则

图 1-9　讨论宏观环境的 PEST 原则

在明确了使用各种框架来展开具体事例的分析以后，我们便可以展开基于“目的”层面的再次细分。

- **立足分类再展开细分**

比如，你可能在分析用户时，将之简单地用“A与非A”来区分成男、女，它的确满足了MECE原则，可是，如果你的目的是进行营销策略的制定，就必须更深入地考虑这样区分是否真的对制定营销策略有积极的帮助。

此时，便再一次显示出了“以终为始”的重要性——如果因为走得太远而忘记了当时因为什么而出发，那么这次的分析便毫无意义。从营销的角度看，你还需要将用户按着职业、收入、年龄、居住区域等要素展开进一步的细分，才有可能获得自己真正想要的信息。

其实，分类最重要的并不是如何去实现“相互独立，完全穷尽”，而是要确定，这样分类是否有助于思考的深入与问题的解决。而想要明确这一点，你就必须尽可能多地搜集事实性资料，以事实为依据，呈现出最真实的信息——当你能够列出与问题相关的所有信息时，你对问题的认识就会越全面，你在后续提出独特观点的可能性就会越大。

7. 依据周围信息，提升分析能力

一个看似复杂的创新问题，在某些人的理性思维梳理后，会变得规律化、简单化起来，从而轻松而顺畅地找到答案。优秀的创意人员可以将一件事情、一种现象、一个概念分成几个简单的组成部分，找出这些部分的本质属性及彼此之间的关系，并进行单独的剖析、分辨、观察与研究。对于那些受困于某一思路的人而言，拥有一定的分析能力，意味着能够找到创新走向。

谁想象得到一名普普通通的打字员能成为百万富翁？

1951年，贝特·内史密斯还只是美国达拉斯·得克萨斯信用银行里一个小小的行政秘书，但她发现了一个尚待开发的机遇。

内史密斯曾帮助装饰过银行的假日窗口，从装饰人员那里学到了一些特别有用的东西。她发现装饰人员修正“作品”的方式是在错误之处涂改，由此她认为在工作中也同样可以如此。在她与行业伙伴们交流工作时分析得知，大家非常恼火于发现辛辛苦苦完成的文件仍存有字句错误，这不仅破坏了她们的成果，还使她们受到上司的指责。

之后，内史密斯研发出了一种白色的涂料，可以将文件上的字句错误覆盖，以便修正。但这种东西并未受到老板们的青睐。一位老板甚至警告她称，不许她在自己的信件中使用那种白色的“涂料”，以避免信件看起来像“小孩子做错的作业”。

内史密斯没有放弃，在得到了其他秘书的认可后，她将这种快干且用过以后不易发现的液体命名为“涂改液”，并为它申请了专利，注册了商标。由于没有公司对这项业务感兴趣，她只好单干。

然而结局好得令人惊叹：不到十年的时间，她便以近5000万美元的价格将这项专利转让给了吉列公司。

内史密斯的成功源于她对日常事物的敏锐察觉，以及对行业需求的细致分析。当时，并没有对文件错字进行补救的有效措施。内史密斯从眼前的信息入手，进而获得独到的见解，研发出了解决问题专利产品，这使得她日后成为依靠个人力量发家的千万富豪。

分析能力是强还是弱，在很大程度上取决于后天训练。在工作与生活中，我们常常会遇到一些事情，分析能力差的人，往往百思不得其解，以至于束手无策；反之，分析能力强的人，却可以从中获得灵感，进而自如地应对难题。

如何提升个人分析能力？需要从搜集有用的信息分析内容做起。

• 依据四大内容，展开有效的信息分析

在进行信息分析的过程中，我们可以采用四种方法。

◆ 素材要多

你掌握的信息越多源，你的知识越是多元化，你分析得出的结果便越有客观性。

◆ 避免经验假设

有些人习惯在正式分析以前下定论，这对信息分析没有任何好处。信息未搜集完毕，不可进行任何猜测与推理。

◆ 同时聚合汇集多种相关信息与知识

哈佛经济学家们很喜欢看一种名为“信息仪表盘”的东西，它是一页展现所有重要图表数据信息的文件。这份文件聚合了当时经济学家们所有能够汇集的知识，然后，他们在此基础上再次进行信息分析，而如此得来的结果往往会更正确。

◆ 运用理性和直觉的力量

美国耶鲁大学的管理学院曾经与心理学系展开过一项联合研究。这项研究以从耶鲁毕业、在各大企业从事高管的学子们为研究对象。结果证实，这些出色的管理者们的直觉思维能力特别强大，远远超过普通人，他们是最懂得如何从大量信息中提炼要领的人。

有时候，只要拥有理性，并懂得恰当地运用直觉，谜底便会自己从纷繁复杂的线索中涌现出来。当我们所处理的信息相对较为简单时，我们可以充分地运用逻辑推导，以分析各种信息之间潜在的关联，进而得出结论。

但是，当信息显得特别繁杂，且缺乏明显的关联时，我们不妨暂时性地放弃一下理性思维，让“潜意识”参与进来。因为当大量的信息与知识聚合以后，它们往往会在我们的脑海中自动地产生各类奇妙的关联，并会彼此之间相互竞争，直至最有优势的那一条胜出。

只要将上述三点进行结合式的运用，个人信息分析能力便能够得到有效的提升。

• 通过日常活动，进行内容分析能力的培养

在一些如查看电子邮件、看电视等日常活动中，其实也可以培养起强大的内容分析能力。

当你打开电子信箱清理垃圾邮件时，不妨用眼睛简单地扫描一下——你从中能观察预测到广告、市场、新产品与新价值观的发展趋势吗？

给自己开一个专门接收各式垃圾邮件的信箱，并试着让该信箱中的垃圾邮件积攒上一个月，时代的潮流与趋势便会一目了然。此时，你就会发现，新兴潮流拥有明显的重复性的特征。

当你去往一个陌生城市，阅读当地的报纸，你能够发现什么？通过阅读分析新闻信息，你可以判断出当地的经济走势吗？你能够发现新的商业机会吗？你可以了解该地区人们的价值观、生活方式与生活态度吗？

密切关注潮流。通过上网、看电视、阅读书刊、看电影、听歌曲，你能从中知道人们对什么感兴趣吗？你能知道什么价值观与生活方式在流行吗？

关注一下自己，看自己的工作发生了什么样的变化。去年的此时与今年的此时相比，你收获了哪些东西？公司的工作重点发生了哪些变化？你的书面报告是多了还是少了？会议是增多了还是减少了？公司既定的发展规划发展到了哪一步？同时，与你的同事交谈，就工作态度、价值观念、目标计划进行探讨。

尽可能让自己多参加商务会议、学术讲座与研讨会。

坚持收听多家广播电台，以获取多元的观点与视角。在收听的过程中，你能发现电台有哪些赖以生存的主要市场？电台播送的是什么样的内容？听众主要是哪些人？哪些商家在电台做广告？它们的广告能产生效果吗？为什么？

浏览每周的电视节目安排，同时，将自己感兴趣的节目录制下来。在自己有心情的时候，有目的地观看那些录制下来的节目，而不是有什么看什么。

进行“内容分析”将会使你受益匪浅，要知道，专业的商业资讯公司每年会向客户收取上万美元的咨询费，而他们提供给客户的往往是一些只要客户自我询问就可以获得的信息。

与这些有偿服务相比，你自行产生的服务显然更有价值。在思考潮流与趋势时，其实你也已经往自己的大脑中注入了创意、机遇与商机，而你的“内容分析”也将使你在商业挑战面前变得更加自如。

掌握了这些提升分析能力的手段与技术后，在面对思维困境时，就有能力为自己找出几条可以尝试着走出困境的路。

SIKAOZHISHENG

第二章 想创新？想个性？你必须深入理解

如果你想对一件事发表足够个性化的看法，那么你必须要对它保持足够的熟悉度。失去了深入的理解，你不可能发现问题或事件中的规律，更不可能从中发掘他人未曾意识到的新观点、新看法。这就意味着，先深入理解你面前的问题或事件，并从中找出真正重要的内容，是形成个性化想法的重要前提。

1. “有想法”是因为“真的搞懂了”

遇到事情时，很多人都会犯下一种致命的错误——不懂装懂。

前段时间，与朋友聚餐，他向我抱怨公司新来的实习生不靠谱到了令人愤怒的地步。

原来，朋友前段时间接手了一个策划案，由于老员工都有重要项目要忙，他不得不自己先动手整理内容。其间，请那名实习生帮忙。

对方一看，便说自己绝对能够搞得定。

“既然这样，那你写一篇针对该项目的宣传文案来给我看看吧！”

可是，当看到对方写出来的东西后，朋友却啥话都不想说了。对方的文案，一看就是从网上东拼西凑来的，不仅没有任何创新之处，甚至连最基本的逻辑都不通。

更让朋友生气的是，朋友问对方：“既然你不会做，为什么不问问？”

结果，对方回了一句：“我感觉我懂了。”

现实生活中，类似实习生这种“自以为懂了”的人很不少，几乎可以说，谁都可能犯下自以为懂了的错误。因为我们害怕别人将自己当成无知之辈，所以大脑快速地搜索并编造可以解答问题的信息，虽然这样做的确可以造成自己对此好像有所了解的假象，但对方只需要稍微多问几句便会知道，我们其实并没有搞懂事情到底是什么。

• 创新没有捷径，熟知才是有想法的根本

创新从来没有捷径，你所了解的所有创新都源自创新者对于其所在领域的熟悉与精深。从本质上说，创新的来源在于灵感思维，而是否能够产生灵感，关键在于你在某一领域、某一问题上是否具备足够的思维广度与深度，而思维的广度与深度则来源于你对事情的理解透彻度。

这也揭示了“真的搞懂”的必要性：只有当知识累积到一定程度时，灵感才有可能迸发；知识才会日渐丰富。这就意味着，不管你所从事的是哪一方面的工作，不管你想解决的问题属于哪一领域，想要创新，就必须要真的了解事情的本质所在。

如何才能确定自己真的了解了事情的真相？这就需要你运用最简单、最清晰的话语，验证自己是否真的搞清楚了事情的本质。

• 能说得让孩子听得懂，才算是真的懂了

“真的搞懂了”最大的对手就是“自以为懂了”，如果你想要深入地理解一件事情，就必须静下心来问自己：“我是真的了解这件事情了吗？”

爱因斯坦说过：“若你不能用足够浅显的话说清楚一件事，就说明你没有充分理解所要说的事。”

因此，你可以试着模拟“向7岁孩子解释一件事情”这一情景：你所要做的，就是将有关某件事情的信息整理得足够简单，直到让一个刚上小学的孩子听得懂。

比如，有个意见是这样说的：“眼下，我们必须夯实发展基础，比起国际性人才，我们更需要在本地工作的人才。”在这种情况下，你只需要问自己，是否可以将“国际”或者“在本地工作”这两个概念解释给孩子听，就可以看得出来自己对这些语言是否真正理解了。

诚实地问自己，明确自己并不是在故意使用艰涩词汇来显示个人专业度，你才有可能真的搞懂一件事情。而当一件事情你自己都没有清楚理解时，那么与他人沟通、交流此事便属枉然，让他人对你形成“有想法”“有创意”的印象更属妄想。

- **深入挖掘专业用语**

从2017年7月份开始，英格兰的部分银行开始“专业语言简单化”的再学习，而他们的学习对象则是畅销儿童读物中的用语。英国金融家尼麦特·沙菲克认为，这是一项积极的、促进员工对个人工作理解的良性举措。他说：“银行一向以说话抽象为特点，但专业术语的大量运用，导致80%的人不理解银行业务与其具体负责人士，而这项举措恰恰是为了促进人们对银行的理解度而生的，因为当人们真正理解他们的工作时，他们是能够用简单清楚的语言来描述工作的。”

这一事实对于想要在工作中创新的普通人同样具有借鉴意义：你在工作中同客户沟通是否总是运用专业术语?

比如，你真的理解你所说的“行业典范”或者“品牌营销”是什么意思吗?

假设你听到有人告诉你“结构思考力是一个人的核心竞争力”时，你会点头同意，可是，这句话里的“结构思考力”与“核心竞争力”，你是否能够用最简单的话语表述，让7岁儿童也听得懂?

只有将专业用语真正搞清楚，才能向别人阐述明白。

- **用翻译带来创新想法**

检查是否已“真的搞懂”的另一个方法，则是试着将它翻译成自己所熟悉的第二语言，比如英语、德语等。

比如，你所在的公司提出：“未来一年内，公司将提供更贴近顾客的服务。”假设你认为自己真的理解了这一要求，就试着将之翻译成英文，而在这一句子中，最重要的翻译点就在于“贴近顾客”四个字。

若是直译，这四个字便译成“stay by our customers”，可“stay by”却带有“身体贴近”或“靠近”的意思。很显然，公司所说的服务，并非字面上的靠近顾客身边。

通过翻译这一过程，你就能搞清楚差别在哪里，并通过弥补平日里看不到的服务不足之处，进一步创新“贴近顾客”的服务内容。比如，24小时随时响应顾客要求的修理服务，将顾客意见一一回复的“有问必答”服务。

“有想法”永远建立在“彻底理解”的基础上，这就意味着我们在做一件事时，千万不能过分着急地“先下手为强”，而是要整理思维，先想一想自己是否真的理解所要做的事情。围绕着这一问题，再向细处分析发现问题的本质所在。只有当我们能够发现问题的本质，才会对所要做的事情产生创新想法。

2. “自以为是”会带来的偏颇观点

几年前的一次在职培训中，老师说起了一件趣事。

A公司计划收购B公司，按惯例，收购前需要针对被收购方的经营、财务等方面情况展开尽职调查。在调查开始前，A公司的老总将公司的首席财务官找来，说：“我非常看好这次收购，你去做尽职调查吧，记得一定要证明我的想法。”

课堂上一片笑声。全球高级领导者教练领域的先驱与权威者马歇尔·戈德史密斯曾在一次接受记者采访时，被问“你见过的领导者最常见的通病是什么”，他的第一个回答是：“自以为的正确太多了。”

其实，这两个例子所提及的是一个共同的思维陷阱——自以为是带来的偏见。

• 我们的思考过程中充满了各类偏见

美国心理学家、经济学家丹尼尔·卡尼曼对偏见进行过系统的阐述。在他的观察与研究中发现，人类的大脑思考系统有两个：第一系统与第二系统。

◆ 第一系统依靠本能、直觉、经验与记忆做决策，它强大而快速，且不受控制，但极有可能使个人陷入自以为是的偏颇观点之中。

◆ 第二系统以理性、分析、沉稳为特点，但这一系统既“懒惰”，运作与调用的速度又极其缓慢。

丹尼尔教授指出，不管考虑何种问题，这两个系统其实都是在同时运作的，只是第一系统的速度更快，诞生观点更迅速。

因此，我们也可以说，人类的思维过程是充满了自以为是的偏见的。这种偏见就如同我们呼吸的空气一样，每日都在展开，却丝毫不被我们察觉。虽然这种自以为是可以让我们在危险之中迅速地找到解决之道，但在面临重要问题时，它也会让我们的思维掉链子，丧失金钱、个人理智形象与其他重要资产。

• **自以为是其实是一种确认性偏见**

再举一个例子，你就会知道自以为是对于思维的危害在何处了。

一位首席财务官看过公司近期的财务报表后，对某部门的表现有了自己的判断。接下来，他又得到了更多的信息，不过，他总是接受那些与自己的判断相一致的信息，而忽略那些与自己的判断不一致的信息。

换句话来说，他会寻找信息，来辅助“确认”自己的判断是正确的。

在工作与生活中，这种确认性偏见是极为有害的：我们的大脑有趋利避害的本能，我们追求“利”的感受，而远离“害”的感受。

表 2–1　大脑追求的趋利避害

“利”的感受	“害”的感受
成功	失败
被认可	危险

（续上表）

"利"的感受	"害"的感受
快乐	被质疑
开心	压力
掌控	被挑战
有地位	被指责
有尊严	无助
安全感	失控

由表2–1我们可以看到，其实"正确"是一种能够带来美好感受的行为，若有什么证据能够"确认"自己的判断是正确的，那么大脑就趋向于做出"利"的判断，而这恰恰是自以为是产生的大脑生理性原因。

• 三方法规避自以为是

你很可能会误以为，自以为是会更多地发生在受教育程度低、经验与智力不足的人群中，但事实上，心理学家们早已证实，自以为是更多地发生在有经验、受教育程度高的人群中。这就预示着，如果你在各方面的能力表现出色，那么你发生自以为是的概率将会更高。

如何解决？最好的办法就是在需要发表重要观点时，先深入了解自己是否正在陷入自以为是所带来的偏颇之中。

◆ 警惕自己的偏见倾向

你是否有过这种情况：一听到别人发表与你的观点相左的意见，便会感觉不安甚至愤怒。这种情绪上的变化，其实就是因为大脑感受到了挑战，以致下意识地维护你那没有充分理由的看法。

因此，不管什么时候，只要意识到自己对不同的意见发了火，你就要警惕，并问自己是否正在受自以为是的影响。

◆ 多寻求第三方意见

想摆脱武断的看法，你就必须多寻求第三方的意见，特别是那些与你持有不同观点的人，他们往往会看到你看不到、不自知的偏见。如果身在团队中，或者与朋友在一起，不妨多提自己的想法，并聆听他人的看法。

这样做，可以让你有效地避免自以为是。

◆ 三思而后行

很多人都信奉“快速行动、快速反应”，但发表重要观点之前，不妨放慢思考的脚步，将判断暂时搁置起来。

经过一个晚上或者数天的“发酵”以后，你很可能会发现，自己已经有了更为完善的答案。这也是大脑的工作习惯，一旦你的信息、意识、观点沉入意识深处时，大脑便会以特别的方式来进行该主题信息的整合，以利最终做出最好的决定。

总之，在自以为是的泥潭里生活得越久，越难以接受新事物，而且，我们还会因为这种自以为是产生各种各样“只以主观判断、不对事实分析”的偏颇观点。若长久如此，只会让我们思维狭隘而偏执，他人眼中的形象也会变成无知且固执。而要避免出现这种状况，并不需要超人的智慧与能力，只消按着上述步骤让思维秉持理性即可。

3. 你是在给出事实，还是给出判断

深入理解的另一层含义在于，你对外来信息不能照单全收，而要经过独立思考与对信息的再组装。

我们生活在一个信息丰富又嘈杂的时代里，有时候，一些社会事件爆发时，大家往往会激烈地争辩一些问题，但对话过程中，有些人总是会令你产生“鸡同鸭讲”的感觉。之所以如此，一个重要的原因就在于，很多人在提供想法的过程中，并不知道如何区分什么是事实，什么是判断。

仅拿职场上经常被讨论的男女差异话题来说，你会怎么表达自己的想法？

“女性更适合感性工作，不适合工程师、程序员一类的职位。我们还是应该在男性应聘者中留意这类职位的恰当人选。”你是在陈述自己的判断。

“哈佛大学在2016年的一项职业兴趣研究的工作数据表明，男性偏好器物相关的工作，而女性侧偏好人事相关的工作，且前者稳定性更强。”这是你给出的事实，“因此，我建议我们可适当增加对男性应聘者的关注度。”你这是在给出有效的判断。

在现实工作与生活中，如果你想要凸显自己想法的合理性、客观

性，你就必须在论证、阐述想法的过程中，尽可能地使用事实，而非判断。

• 明确事实与判断的不同之处

想象一下，你是一家共享单车的推广经理，现在要针对自家产品召开一个产品发布会，希望借此吸引更多投资者与使用者。那么，在产品发布会上，你要如何说明产品的潜力？

“我们的单车将使您的出行变得更方便。”

“凭借这一便捷性，可以预想，这一单车产品将会迅速火遍全国。”

“您的每一分投资都会换回丰厚的回馈，我们的产品不会让您失望。”

这些对于听众来说，有用吗？

在我看来，这些只是产品推广过程中的漂亮话，属于个人判断：它是你的信念、感觉与看法，是你的美好期望，无法证明真假。

相比之下，事实却是可以被验证真假的陈述，因此，一个有想法的人往往会用事实来证明自己观点的正确性。

摩拜单车的创始人胡玮炜做过一个演讲，演讲过程中播放了一个名为《摩拜在北京的15天》的视频。开始时，摩拜单车仅仅只在中关村投放了一百多辆，后来才慢慢加大投放量。视频里出现的每一个亮点，都代表一次用户开关锁，而用自行车点亮整个北京，摩拜单车仅用了15天。

这便是非常有效的用事实说话：从最初零星不起眼的小亮点，到最终的群星璀璨，看视频的人看到了摩拜单车从小到大的发展过程。

所以说，你在陈述想法的过程中，给出的事实越多，他人对你想法的认可度便会越高。你可以按着表2–2的提示，向受众罗列事实。

表 2–2　事实与判断具体区别表

	事实	判断
具体定义	已发生或存在的客观状态	表达个人看法、信念、情感态度或价值观的内容
内容指向	姓名、地点、日期、事件、数据、规律等	预测、推论、结论等
主观倾向	不受主观影响	受主观影响
表述倾向	“今天气温高达38度”类客观事实陈述	“今天很热”类感官体验 “我喜欢喝碳酸饮料”类价值观偏好
特征	以真假评价	以对错、好坏评价
典型表现	用数据证明	用个人偏见说话

- **先用事实说话，再引入判断**

分清事实与观点后，便会发现，不管是工作还是生活中，人与人之间的分歧主要在观点上。而情绪则是影响个人判断的关键。《哈佛商业评论》曾载文称，职场上高达70%的人都是败在情绪上；心理学则认为，事情的对错并非造成人崩溃的根本原因，归根究底是个人对待事情的看法与具体的判断。

这就意味着，我们在发表任何看法、表述任何判断之前，都不应受到情绪的左右，而要力求客观全面，从事实角度审视自我判断是否合理。

表 2-3 七大问题，审视你的判断是否合理

·你做出判断时的情绪稳定吗？
·你可以详细阐述你所说的内容吗？
·做出这一判断的论据是什么？
·你能举出现实案例来说明你的观点吗？
·有关这一现实案例，你可以给出多一些的细节吗？
·你是如何检查、核实这些细节的真伪的？
·你为什么相信你所提供的数据是真实而准确的？

立足于表2-3中的内容，找到支持个人观点的事实后，再以“表明判断→给出理由→陈述事实”的方法来进行表述，判断的合理性便会大大增加，如图2-1所示。

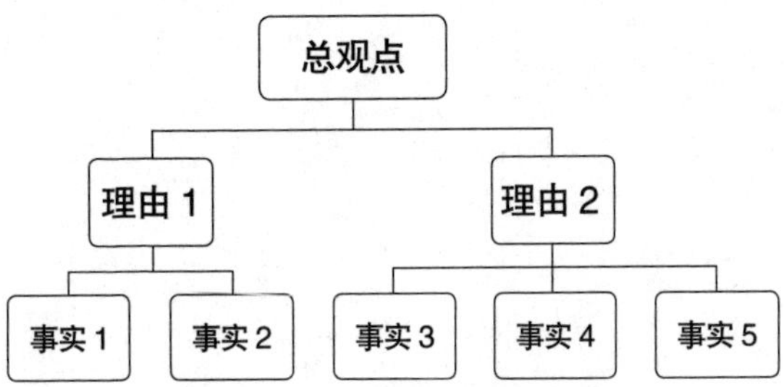

图 2-1 观点陈述法

- **在判断与言论之前先搞清真相**

很多人给出想法时，都未认知事情的全貌，往往在没有数据、真实试验之前便过早判断，这种做法暴露出个人整体思维能力的不足。

我刚入职场时，便因为急于表现，将查知的事实与自己的判断搅

在一起，汇报给主管与同事们听，未能清楚说明，差点造成已成形的项目流产。这使我在日后养成了将“已知事实”与“个人判断”分开表述的习惯。

而在生活特别是工作中，我们尤其要注意的一点是，不要将揣测运用于信息的理解中。

在工作中，你肯定闪过这样的念头：“不知道领导是怎么想的。”然后，在心底猜测领导意见中最有可能的风向。这样做最危险的地方在于，当你以上司喜好来甄选事实时，你选择出来的事实是偏颇的。

虽然工作中揣测领导的意思是难免之事，可是，若你想要让自己的话语足够客观，且更有利于问题解决，你就必须立足全面的事实展开表述。不管是向上级汇报还是跟同事讨论，都要专注于表述自己知道的事实，然后立足事实阐述个人判断。

4. “理解”的标志是给出了“根据”

有时候，我们明明脑子里面很有想法，但说出来的时候，对方却总是不明白。产生这种现象的原因就在于，你未能给自己的话语增添恰当的根据。

“产品如果再降价一些的话，就可以提升销量了。”

“提升基层员工工作技能，远比提升中层管理者管理能力更重要。”

“我们有必要解聘那些拒绝接受加班建议的员工。”

看到上述三句话，你会相信吗？

很多人会半信半疑，因为就这三句话的阐述方式来说，既无法让人完全信服，又不是一点说服力都没有。为什么？因为它们都未给出令人认同的解释或理由。

如果我们听到某人提出一种观点，我们会希望他进行更多说明。反过来，这一要求同样应成为“说者”的表达守则：当我们做出了一个决定，或者坚持一个特定的观点时，他人便会对我们的决定产生好奇，而“根据”则为解释对方的好奇提供了答案。

• 能说出根据才是真的理解

有想法的人跟没有想法的人，有什么区别？所谓有想法，其实就是建立起一个经得起考验的逻辑机构，从而得出结论，使自己的观点充满有理可循的正当性。但现实生活中，很多人并不具备这样的能力。

比如，很多人都习惯根据自己以往的经验给出观点，最典型的说法即是这样："以我个人的从业经验来看，这个单子的成交可能性极低。"可是，"个人从业经验"并不是一个合理的根据。

而之所以说出这种武断的观点，原因就在于自身未理解决定"成交可能性"的关键因素并非"个人从业经验"，而是产品价格、功能及客户需求等。

因此，当你想要展示出个人观点，特别是这一观点又与之前的看法法、他人眼下的看法有所不同时，你就更要给出"我真的了解这件事情"的根据。

• 成功的观点 = 论据 + 结论

一个成功的创意想法是在大量事实基础上筛选后，按着一定的思路讲出来的，而不是简单下一个主观的结论。因此，如果你想让他人接受你的想法，就必须在提供根据的基础上，陈述自己的观点。

打个比方，假设你是一位汽车销售人员，正在为客户推荐一款车子，你会怎么说？

你若是不懂得给出根据，可能会这样说："这款车子动力强劲，具备世界上最优秀的发动机，配上世界上最出色的传动器，您可以体会到前所未有的动力。"的确，客户能够领会你的观点——这款汽车动力强大，可是，他未必会信服你。

但是，如果你加入了事实根据，效果便会不同：这款车发动机是8缸的，4308毫升的排量，压缩比为11.3，最高时速420公里，490马力，每缸有4个阀门，百公里加速只需要5秒。

• 学会用数据说话

想要让自己的观点显得足够专业，就必须学会用数据支持。

这也是我与他人沟通过程中得出来的经验：只要我可以证明自己所提供数据的真实性，对方都会为了决策客观的考虑而接受我的观点。

• 利用“云→雨→伞”来提出观点

“云→雨→伞”其实就是一个完整的立足事实、给出根据、提供行动的过程，其中三项内容，即对事实、分析与行动的比喻：

◆ “云”是可以实际观察到的情况，谁都可以看出天上是否有乌云。

◆ “快要下雨”是从现状推测出来的分析，即从“出现乌云”这一事实引出“可能快下雨”这个意见。

◆ “雨伞”则是立足于分析，得出“出行要带雨伞”这一“具体行动”。

该过程整理后如图2–2所示：

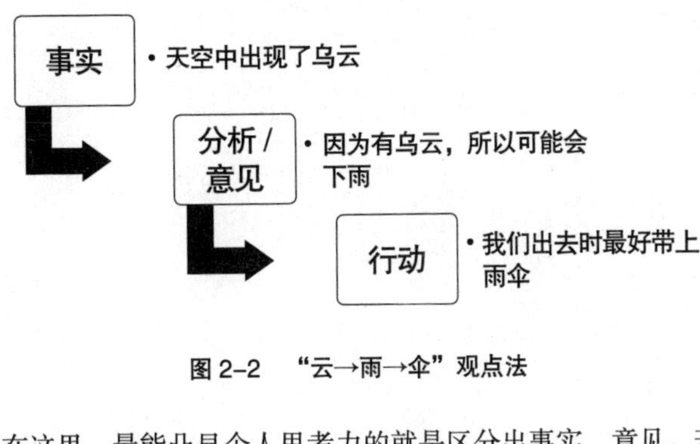

图 2–2 “云→雨→伞”观点法

在这里，最能凸显个人思考力的就是区分出事实、意见。若将两者混淆或者遗漏而得出了行动，那么行动便会不符合逻辑。

而它们在现实生活中的正式运用也不太一样。你要向上司进行报告、提案时，最好加入“事实”“分析”“推荐的行动方案”这三个标题；如此一来，他人就会更容易理解报告中的内容，也会因为你在整个思维链条中呈现出了完整的逻辑，而认可你的想法。

反之，若汇报或提案里没有上述三项内容，它便没有太大说服力，而且，很容易被对方质问“你的意思到底是什么？”“为什么要这样做？”。

把事情搞清楚，并能够在给出观点时提供行动过程，这本身就是一个完整的自我证明链条。更重要的是，你越是在话题中不具备权威性，越需要将这一自我证据链条进一步完善。

因此，我们有必要坚持这样的观点表达过程：彻底理解自己所说的主题与内容，同时想办法提前为自己有可能遇到的质疑做好充分准备，并将根据全部准备好。这样便可以避免很多无谓的尴尬，同时也会因此而拥有强大的说服力。

5. 警惕那些“被省略的信息”

很多时候，呈现在我们面前的所谓“事实”其实都是被筛选过的。最好的例子便是你随时随地都会遇到的各类广告。

如果你深受“长胖”的困扰，那么你很可能会从市面上选择一款知名度极高的减肥药来服用，它在广告中号称“用药过程安全，可迅速瘦身，且不反弹”。

可就算你的思维能力并不算太强，你也知道广告的承诺不能全部当真。而且你相信，它所说的“可迅速瘦身”背后，肯定有更多未曾说出的隐情。比如，你针对药品成分进行了资料搜索，了解到该药品含有一种名为罗氏鲜的物质。该物质属于肠胃道脂肪分解酵素抑制剂品类，它可将小肠对脂肪的吸收率降低30%。

而“用药安全”也只是片面之言：它的确副作用相对较小，但这种新药品正处于评估期——长期服用到底会产生怎样的影响，医学临床试验还未有明证。

你看不到这些信息，但是，它们对于你决定是否服用该减肥药却有极大的关系。

减肥药不能减肥吗？当然可以，只是广告商只告诉了你它“可以有效减脂”的一面，却未告诉你服用它的潜在危险。商家这样做的目的，就是为了让广告接收者做出购买的决策。

而真正的理解，恰恰是要建立在寻找出“到底什么被省略了”的基础上。

• 利益与价值观，会让持论者呈现片面信息

一旦重要信息被忽略，便会导致不完整的推理，进而产生无法控制的后果，而这种情况的发生往往与图2–3中展示的四个原因相关。

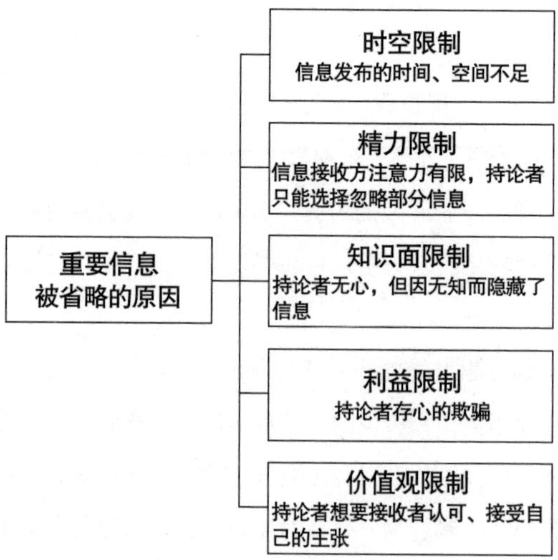

图 2–3　信息被省略的四大原因

最值得我们警惕的，就是因利益限制与价值观限制而展开的信息省略。这种信息省略最典型的例子就是广告：若产品中含有对人体有害的化学成分也告诉消费者，无疑会削弱产品对潜在消费者的吸引力。

这就如同现实生活中的相亲一样：为了促成一段婚姻，牵线者只会强调对方高学历、收入高一面，而会省略对方脾气暴躁、待人无礼等信息。

因此，你有必要警惕，如果那些尽力要给你建议的人与你存在利益上的牵连，或者他们可以从中得利，你都应再次询问自己——有哪些信息被对方省略了。

• 接受所有信息以前，都先打个问号

你需要警惕：几乎任何信息，都有其提供者的特定目的。

换句话说，该信息的组织结构、呈现方式都是由他人精心挑选与呈现的，其目的就是希望在一定程度上影响你的思维方式。

广告商、演说家、作家……他们都在精心地组织信息，以求在你做出判断与决定的过程中发挥最大化影响。当你面对一则自己认为是“事实”的信息时，你应再一次发挥“搁置”的作用：想想对方是否有未告诉你的信息。

• 考虑是否存在负面效果

还有一种类型的信息往往会被省略，但识别它们又非常有必要性，这种信息即被提倡的想法或行动潜在的负面效果。比如，使用一种新型药品，推行一个新的举措。

之所以刻意强调负面效果，是因为通常情况下，这些行动的提议者都在不断地主张他们的意见是眼下最应被接受的。比如，使用某个化妆品，你的容貌会变得更好；接受某一工作方法，你会有更多休闲时间；推行某一改革，你会获得更宽松的工作环境等。类似于此的行动的确会有积极的正面影响，但它们的负面影响同样不可忽视。

因此，你有必要问问自己：

◆ 团队/身边的哪一部分人并未从提议的行动中受益？谁蒙受了损失？受损者对此有什么看法？

◆ 提议的行动会造成权利分配上的哪些变动?

◆ 这一行动会对我们的实际操作造成什么样的影响?

◆ 它会如何影响我们之间的人际关系?

综合这些，你会发现，这一行动或许背后潜存着长期且大量的负面效果，比如，公司所提倡的工作内容模板化的的确确会提升你们眼下的工作效率，可是从长远看，这一行动会将你们的工作方式变得与19世纪初在车间工厂里面踩着缝纫机的工人一样，呆板而毫无创意。

• 更谨慎地面对二手资讯

“数据会说话”，这是生活中已接近常识的认知，但事实上，大部分人接收的数据都是二手资讯。

而解决这一问题的关键就在于，判断你的数据来源。

我们愿意接受专业人士提供的信息数据，因为这样的信息数据客观、可信。

不过，若专业人士的数据、信息是倾向于预测性的，我们也应持谨慎态度面对：气象学家常常会误判隔日的天气，经济学家有时候也会错估经济走势，因此，我们应更着重于专家们提出的事实，而非他们对未来的预测。

• 用不断发问寻找真实的信息

一个强有力的、可用于创新的想法往往背后有不可反驳的事实。如何找出这种“不可反驳的事实”？关键就在于使用发问技巧来究根问底。

比如，你向同事提出“产品如果再稍微降价一些，销量就会提高”这一观点以前，必须询问自己两个问题：

◆ 为什么是这样：为什么降价就会卖出去更多?

◆ 如何做：具体来说降价多少才能卖出去？又估计能卖出去多少？

仅停留在“销量不高”这一表面问题，那么只能产生“要用降价刺激”这一浅层面解决的方法。可是，销量不高是真的因为价格太高吗？理由是什么？

只有将与问题本质相关的事实用“为什么”“如何做”挖掘出来，才能够找到问题的根本所在，而这也正是你在表述观点时需要重点依据的信息。找出了真正能够证明自我观点的真实信息以后，再给出具体的观点，才会有更多人信服。

6. 找出并搞懂关键的专业用词

想要彻底理解一件事情，就如同想要与他人做生意一样，一定要懂得如何深入了解对方提议的关键所在。在生意过程中，一个人的提议其实就是一种计划或承诺，更是声明他准备按着某一种模式来做事的意图。生意是否能够成功，除了双方是否能够在沟通过程中保持诚实以外，还需要你对提案的内容进行深入、透彻的理解。而与这种理解息息相关的一个关键点就在于，你是否能够搞懂那些与提案密切相关的专业用语。来看下面的例子。

随着公司的业务逐渐发展壮大，各个分公司的业务系统数据分散，而低下的人工统计效率使得管理层分析数据时很难在“过去发展情况→当下问题→未来调整方向”建立起有效的联系。因此，为了是否要引入大数据分析系统来减少决策的盲目性这一问题，管理层“吵”得不可开交。

你的部门经理针对这一问题，请部门骨干们献言，以增强他“应引入大数据分析”观点的有效性。可是，你虽然知道眼下大数据分析与处理在企业管理领域属于新生火热事物，但你并不理解这一系统到底对管理与决策有什么积极作用。

搜索相关网页，你发现，几乎每一篇谈及大数据分析的文章中，都有“数据挖掘”“数据分析”“数据统计”等专业词汇。很显然，想对这一话题贡献出有建设性的观点，你就必须先理解这些专业词汇。

可是，更多的时候，我们并不能一眼望去就找到这些与“理解文章主旨”或“理解对方话中话”的关键内容，此时，你就需要ABC分类技巧的帮助。

• 找出专门用语

如果你在听讲座，你会很容易发现，那些关键词就是演说者不断强调的某些特定词。演说者会用很多方法来做这件事情，比如，通过语气上的强调、转折词的引导等，以引起你对这类词汇的注意，或者直接在演讲的名称中点明这类词汇。

如果你是在看书，那么关键词更容易被发现。数学家欧几里得在书中总是会首先点明“点”“线”“面”“角”“平行线”等最重要的词汇；想读懂经济学家亚当·斯密的书，你就必须先弄懂“劳工”“资本”“利润”“薪酬”“土地”“成本”“交易”等定义；而阅读达尔文时，你一定要理解“变种”“种属”“生存”“天择”“适者”等概念。总之，关键词是一本书的基本构架，理解了关键词，可以帮助你更好地了解整本书的内容。

每一个知识领域都有专门用语，只有理解了专门用语，你才能够深入理解该知识领域的资料内容。

• 搞懂词汇的真实含义

解释词语意义的形式一般有三种：同义词、实例、词典定义。比如，对“幸福”一词，我们便可以给出图2-4中的三种形式的词义解释。

幸福的定义	
	同义词：幸福是快乐安心的感觉
	实例：幸福是坐在家里陪家人一起过周末的感觉
	词典定义：使人心舒畅的境遇和生活

图 2–4 幸福的不同定义

想要深入理解某一内容，同义词与实例两类定义往往起不到作用，因为它们无法给你特定的属性，而这恰恰是透彻理解术语意义的关键之处。最合用的定义是，用特定的标准做出解释，而这一解释又可以从两种渠道找到。

◆ 词典

词典中往往会给出某一词汇的标准定义，一些专业性词典中，往往会找到很多专业领域内的特定用语，因此，如果你必须要透彻理解某一领域内的特定内容，务必准备一本该专业的专用词典。

◆ 相关论文、教材或网页

有些专业名词在词典中呈现出来的意思不一定十分恰当，这时候，最好的办法就是查询相关论文、教材。当然，你也可以在互联网上的专业网站中查询到专有名词的恰当解释。

综合两种渠道，你便能够对该关键专业词的特定含义拥有准确的理解。

• 结合语境进行理解

有些情况下，你所获得的词汇解释并不充分。比如下面一段文字的内容。

“我公司的培训质量并未下降，因为在调查的过程中我发现，绝大多数管理者与员工都表示，他们并没有感觉培训质量有所下降。”

显然，在这段表述中，关键在于弄清“培训质量”的含义，而在词典中去查找“质量”一词，你会发现，它的意义呈现出复杂多样化。而且，单独拉出来这一词汇，图2–5中的每一条内容都可以成为这一词汇的具体解释。

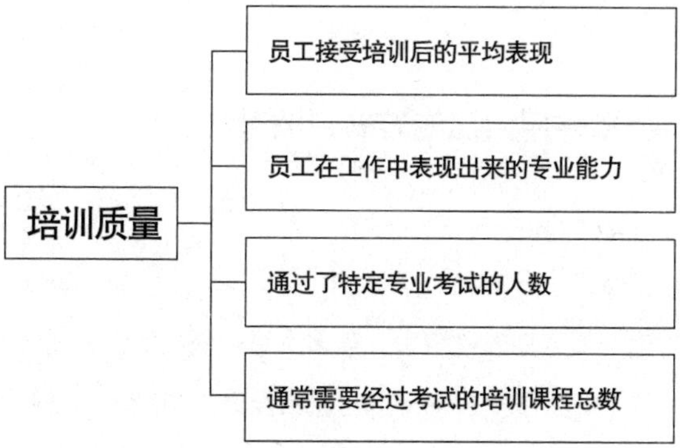

图 2–5 “培训质量”的不同指向

每一项内容都可以作为“培训质量”的不同标尺，可每一项内容所遵循的都是不同的标准，它们都为“质量”一词的运用提供了明确的途径，同时又极大地影响着你对持论者内容的理解、接受程度。

比如，如果你认为“较好的培训质量”应该是员工接受培训后，在工作中的平均表现有所提升，那么你便有可能先入为主地将这一自我理解定义为持论者的主张；可对方却很可能指向的是通过了特定专业考试——比如注册会计师考试——的具体人数。了解这一差异，对于你深入理解对方的观点，进而发表出自己的独特观点，显然有着积极的意义。

因此，如果你不能从词典里得到恰当的定义，又无法根据相关工具弄清词语的意义，最好的办法就是依靠作者的语境来进行理解。而想要做到这一点，你就必须要在倾听的过程中更细心、更主动地汲取、思考对方所提供的信息。

7. 将事件用自己的方式说清楚

在传达个人意见的过程中，很多书籍中谈论的沟通技巧其实都没有大用，因为书里作者会将传达对象预设为如同经济学里假设“人是理性的”一样，但每一个传达对象的成长背景、教育水平与工作环境都有所不同，无法简单归类。

这种感觉源自我的日常生活，特别是在工作中与人沟通时，想要将一件事情清清楚楚地表达出来，并让对方明白，非常有难度。我常常可以看到两个人在对话，明明站在一边的我都可以听出来，他们所说的不是同一件事，或者是同一件事的不同方面，两个人竟然可以将对话一直持续下去，然后，按着各自的理解去展开工作，其结果可想而知。

如何才能更好地将自己所想传达给对方？在我看来，这其实属于一个效率问题，而决定这一效率高低的因素有以下几条。

• 对什么人便说什么话

同样一件事情，你的传达对象不同，表述方式也需要有所不同——这种不同，就是为了迎合对方脑海中已经存在且早已占据主要沟通方向的意识流展开的。

拿最常见的例子来说：如果你需要与同事沟通某一样产品，你会怎样传达自己的观点？正确的产品沟通是这样的：

如果面对的是车间里的生产员工，就必然会说起公司给此产品所编发的生产号，因为他们是按着生产号来生产产品的；

对于销售人员，他们签署合同时是按着项目名称来进行的，因此，谈及产品要与他们说项目具体名称；

对于设计部，当然也会说项目名称，因为他们也是按照项目来设计图纸的，但是想最快地让设计人员明白你所说的是哪个产品，要说此产品的图纸图号。一个生产号虽然必然会对应一个图号，但一个图号即一份图纸，而设计人员的图纸往往会多次改动，由此而产生的版本其实都有其特定的图号。

要怎样才能知道某产品的生产号、项目名称以及图号？

该产品的生产计划书中全都有。

• 使用统一的正式名称

我们很容易发现这一点：很多东西，不同的岗位、不同的人都会对它有不同的叫法，专业不同、专业术语不同，叫法往往也各有侧重，若每个人都以自己的习惯叫法来称呼的话，很可能会出岔子。

依然拿我们公司的具体工作来举例：绕组温度计、油面温度计，它们的外表与表极其相似，所以在生产车间里，员工们永远都会将它们统一名称，叫“表”。

可是，如果车间里面此类仪表不足，需要上报到采购部门时，你对那些采购人员报缺，说是车间里缺表了，此时，你的传达便会出现差错。你必须告诉采购人员仪表的正式名称。

• 反复确认同一事物在各个方面的特征

某公司曾经发生过一个重大失误：客服中心让产品部补发一些配件给用户，但提供的却是同一时间沟通的、另一项目的用户接收快递的地址。在未确认的情况下，产品部按错误的地址发出了快递。因为此事，客户关系受损不小，经理一级的人物付出了巨大努力，才未造成更大损失。

其实，当初产品部负责对接的人员只需要多问几句：项目的名称是什么？能够查到具体的生产号吗？甚至看到错误的地址时，多想一下，就可以避免这一错误。可惜，双方都以为对方明白自己的意思，这才导致后面出现大问题。

这就如同我们之前所说的例子一样：两个人明明说的是两件事情，却都以为对方明白自己所说的，误以为双方在讨论同一件事情。为了避免这样的误会，我们就必须将这件事情在不同方面的特征都提一下，以确定彼此是在讨论同一件事情。

具体的做法很简单，你可以在表述完自己的观点、要求以后，再重复一次："我表达清楚了吗？"当主诉人是对方时，你更要重复一遍以向对方确认——在当下以网络沟通、电话沟通为主要渠道的时代里，做到反复确认尤其重要。

• 清楚对方的局限所在

很多人认为，让对方意识到他自己的局限是一件不礼貌的事情，但在我看来，有时候，你有必要让对方意识到，他在你所说的事情上"不知道"。

隔行如隔山，财务、采购、行政 、生产，各个部门的工作重点不同，专业能力自然也各有侧重。涉及生产的内容更是如此：每一个车间生产的产品不同，车间之间也并不一定相互了解彼此的情况，甚至有时候，就算两人同在一个部门，比如，采购部的两个不同的采购员，因为平日里各自负责的采购物品不同，他们对对方的工作情况也并不一定了解。

在这种情况下，如果你想告诉对方一件事情，就必须先了解对方的局限所在：他的主要工作内容是什么？他的长处在哪里？你要向他表达的东西，他可能不知道哪些？同时，在沟通中通过观察来确认对方“不知道自己不知道”的地方，然后，将这些疑问点一一讲明，才能将自己想说的事情说清楚。

把事情用自己的方式说清楚，这其实是一件非常需要水平的事情。在与他人产生联系、交叉时，把事情说清楚，其实就是站在对方已形成的意识基础上，针对需要沟通的重点， 让自己所知与对方所知交汇，两者不断调整、融合，才能达到有效交流的目的。

• 只说自己真正相信的话

一定要更谨慎地对待自己的发言，确定自己说出的每一句话都是可信的。

要做到这一点，你最好认真地展开自我思维训练，并经常性地改进个人思考模式。下面这套我长期用来磨炼自我想法、审视个人语言的方法，你也可以尝试着去使用它。

①它合理吗？

②它有根据吗？

③它的前提是否总是成立？

④反对它的人是如何想的？若他们有一定的道理，那他们的道理是怎样的？若他们没有道理，那他们为什么会得出那样的结论？我又

要如何阐述自己的观点，才能不令他们产生负面情绪，并认可我的可能性？

⑤我要怎样说才能增强语言的生动性、准确性？

当你能够对自己的话语展开足够仔细与谨慎的审核，并对它抱有足够的信心时，你的话语就会更有说服力。

SIKAOZHISHENG

第三章 深度思考的七大路径

想法不会轻易出现，一个有积极作用的想法更不会让你随意捕获，哪怕是最直接的思考方式，也需要在刺激下才能诞生灵感。深度思考的七大路径，能够让你超越眼下的现实局限去面对问题。这些问题能够在你过往的经验、能力基础上，诞生新的灵感。

1. 我的目标是什么

所有的深度思考都建立在目标已定的基础上，因为只有建立起了有效的目标，你的思维才会围绕着目标开始运转，在面对问题的过程中，才会有意识、有目的地将思维过程停顿下来，并将前后思维领域聚合、浓缩起来，以便帮助自己更有效地审视与判断某一事件、某一问题，或某一段信息是否能够被运用于解决问题的过程。

不过，在实际生活中，我们常常会遇到目标不明、目标出错的情况，比如，你急需将手头的一份数据资料制作成Excel表格，但办公室中那个最擅长该工作的员工又不在，你可能就会选择那个做Excel表格并不太出色的员工去完成这项工作。

针对你这一解决问题方法，有些人或许发出指责：对方的Excel表格制作技术太低，太不规范，而且速度太慢，应该先送她去进行该技术的培训，待技能提升以后，再接手如此重要的工作。

但其实这就是一个目标是否明确的问题：你所采取的举措是为了及时交上Excel表格，而不是想要衡量谁的Excel制作技能最好；但提建议者的目标则是为了规范Excel表格制作方法，提升制作速度与质量。很显然，两者的目标不同，处理问题的方法也会不同。

平日里，我们遇到的大量问题都比较明确，你很容易找到自己到底要解决什么样的目标，此时，达成目标非常简单：采取恰当的方法，问题便迎刃而解。可是，有时候，一个问题并不是非常明确，很容易产生似是而非的感觉，把思维引入歧途。

这就需要我们在思考问题时，先正确地确定自己的主要目标，并针对目标进行认真的观察、做出判断，找出其中的关键现实，再围绕目标展开具体的思考过程。

• 从业务对象的角度思考问题

现实生活中我们需要思考、解决的问题多可以分为两类：第三者提出的问题，自己工作生活中发现的问题。想要确定两种问题的目标，都需要从诸多的因素中找出优先需要解决的目标。

我们以职场中的业务为例来进行思考。在工作中进行的业务，很多情况下都有其特定对象，也就是说，当下进行的业务是为谁而做的。

此时的考虑便不能以自我为中心，有效确定目标的方法是，站在业务对象的角度进行思考。只有这样，才能够更好地找到自己需要解决的具体目标。而站在业务对象角度思考，就可以预料到对方会有何种要求，比如，客户可能会认为下述要求是最重要的：

“不希望用太长时间去等待对方完成自己需要的业务。”

“非常反感对方弄错自己的业务。”

“希望更谨慎、更仔细地对待自己的业务。”

先检查这些设想出来的要求，并对比要求的现状如何，就可以很快地解决自己到底要达成什么样的目标。

• 目标就是“理想的状态”

无法确定目标是什么时，只需要思考问题的本质即可。著名的商业咨询公司麦肯锡曾经对问题做出过自己的定义：问题即“理想状态”与“现实状态”之间的差别。

如果现在抬头环视，我们很可能会列出几十甚至是几百项“理想状态”与“现实状态”间的差别。就拿我现在的状态来说，如果按表3–1中将心理状态调整至最敏感状态，都与理想状态之间存在着明显的差距。

表 3–1　个人工作所处的“现实状态”与期望的工作状态

现实状态	理想状态
椅子太低	高度恰当的椅子
房间里温度太高	室温维持在 22 摄氏度左右
眼睛模糊	更清晰的视力
电脑机箱发出噪音	安静的电脑
手腕酸痛	手腕有力且无疼痛感

如果想让自己变得更舒适，表格中的理想状态便是我眼下需要去调整、去达到的目标。

• 让目标趋向于理性化

在思考问题的过程中，你必须了解这样一个现实：你不可能完美地解决一个问题。很多时候，我们只能将问题解决得趋向于“满意”状态。这就意味着，我们的目标也不能确定得过高，而是要有一个具体的改进标准。

因此，在设定目标的时候，你一定要有所根据，而想要达成这种有根据，就必须询问自己图3–1中所列举的三个问题。

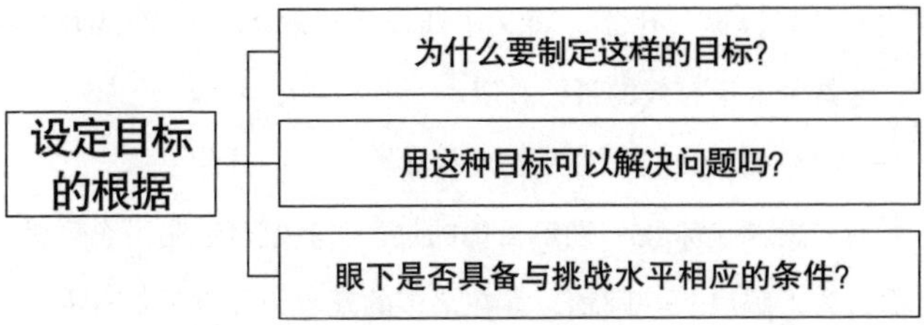

图 3–1　设定目标的根据

仅拿我们前面提及的“请员工做Excel表格”这件事情来说。你最重要的任务就是制作出合格表格，并交上表格，因此，请能够达成“制作出合格表格”目标的员工来做即可。

但是，如果你将目标设定得过高——“在半小时内做出完全合格的表格”，这一要求根本无法达成第三根据“与挑战水平相应的条件”，因此，这一目标便是不合理的。

一个合理、恰当的目标应满足图3–2中的指标。

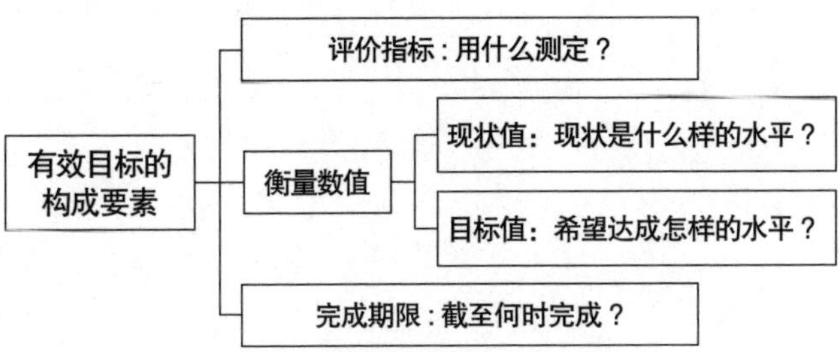

图 3–2　有效目标的构成要素

现实工作中，对目标的具体评价指标往往多种多样，比如，以个数、时间为代表的实际数量与比例。而衡量目标是否达成的关键，就在于你是否完成了预期的衡量数据。因此，有必要在制定了评价指标以后，再确定现状处于怎样的状态之下，并依据于此，再确立自己希望达成的目标值。比如，将文本错误率从现状值2%降低到目标值0.5%，这就是一个有效的目标数值。

目标感强烈的人，更容易实现目标。

从这一意义上来说，确定目标的过程，其实也就是一个思维聚焦的过程：为了解决某一问题，你在诸多的现象、线索与信息中，向着问题的某一个方向思考，并根据已有的经验、知识，去找出最佳的解决问题方向。不过，找到了合理的目标并不意味着你就能够深化思维过程，你还必须将与目标无关的干扰性因素一一剔除。

2. 剔除干扰性因素

缺乏对目标与问题的专注力，是深度思考的大敌，同时也是影响个人在专业领域内成长的重要障碍。很多时候，我们很容易在搜集与解决目标相关的内容时，被大量的数据淹没，造成思考达成目标的方法时抓不到重点，无法提出合理的达成目标方案。

爱迪生的实验室里发生过这样一件事——

一次，爱迪生请助手帮忙测量一个灯泡的容积。

助手找出了很多工具，同时演算复杂的数学公式，可依然没有得出灯泡的容积。几个小时后，爱迪生过来发现助手面前摆了一堆稿纸与工具，立即明白了事情的缘由。

爱迪生拿起灯泡，朝里面倒满水，递给助手："去，将灯泡里的水倒入量杯里，你就能知道我们想要的答案了。"

问题就这样解决了。

分析问题的过程其实就如同测量灯泡的容积一样，在达成目标的过程中，想要利用有限的时间与资源来更好地完成目标，第一步要做的不是如何分析，而是要弄清楚哪些内容对于解决问题是必不可少的，哪些内容是无关紧要的。

这其实是一个化繁为简的过程，将重复、不相关、不重要的内容全部剔除，只保留与目标最相关的因素。在对这些因素进行结构化的精简处理后，按着它们的逻辑结构重新组合，找到解决问题的核心所在。

• 剔除的前提在于围绕目标展开

剔除很容易理解，即做减法。不过，这里的剔除并不是说，让你将令自己不爽的东西都去掉，而是将所有有可能对你的判断产生干扰的因素一一删除。

举例来说，眼下你需要策划一个与公司软饮料品牌相关的市场营销传播方案，要如何下手?

由于策划一场市场营销传播会涉及复杂烦琐的方面，不懂得深化思考的人在考虑这一问题时，很容易被局限于某一点或者某几点上，而不懂得用全局性思维去思考问题。这种思维会造成一种情况：一直在迷宫边缘打转，却始终找不到入口。

其实，此时将方案与目标结合即可。将所有无法对目标产生直接影响的因素、信息删除。这就意味着你必须要明确这一次行动想要解决的问题是什么，这一次想要达成的根本目标是什么。

爱迪生的助手之所以将简单问题复杂化，其实就因为他搞错了目标。他的目标并不是测量出准确的灯泡数据，更不是以完全科学化的方式来测量，而是使用最简单的方法得到灯泡的容积。

• 将干扰因素合并或删除

假设此次营销传播的目标是扭转消费者对老旧品牌形象的认知，使品牌年轻化，焕发新活力。

基于这一目标，你就可以开始做减法，将其中所有干扰你完成这一目标的信息、因素一一剔除。

◆ 合并重复因素

如果你参加会议时仔细倾听大家对问题的叙述，便会发现，很多时候大家都是在说同一个问题，只是从不同的角度展开。

比如，针对“如何更新品牌形象”这一问题，有些人会提出广告语古板，有些人会认为包装过时，有些人则认为代言人年龄过大，而这些其实都属于“品牌沟通调性过于陈旧”。因此，只需要列出“品牌沟通调性陈旧”即可。

将重复的信息通过合并精简，使具有相同属性的因素得到归纳、总结，这是第一要务。

◆ 删除不相关的因素

不相关的因素往往出现在背景资料里，很多时候，它们可以让你了解一片森林，但真正对你达成目标有用的，可能只是一片树叶。

比如，对营销传播能够产生积极影响的因素有很多，扩大过往单一的销售渠道，未来并购其他的饮料品牌等，这些其实都与品牌营销与品牌形象有关，但却与“使品牌年轻化”这一中心目标没有关系。

因此，删除不相关因素时，判断的具体标准就是，看各个因素是否与你的主要目标有关，若没有关系的话，便果断删除。

◆ 删除不重要的因素

不重要的因素即与目标并不产生直接关联的因素，即它们与目标之间无法形成简单的逻辑关系链，不能使用“因为A，所以B”这样的方式来进行描述。比如，市场预算不足，导致品牌无法聘请到年轻的流量明星做代言，这一线索的确与“品牌年轻化”有着千丝万缕的联系，可它只是造成品牌陈旧的一个间接障碍，而我们也不能从“因为市场预算不足”得到“所以品牌陈旧”这一结论，所以这一点便可以暂时放置一边、不去考虑。

剔除了干扰因素，留下来的便是关键信息。此时，你要做的就是将关键信息进行总结，以确定达成目标的具体方案。

• 总结关键信息

依然拿品牌推广的案例来说，剔除了所有干扰因素以后，很可能留下来的对“品牌年轻化”这一目标最关键的信息只有图3–3中的六个。

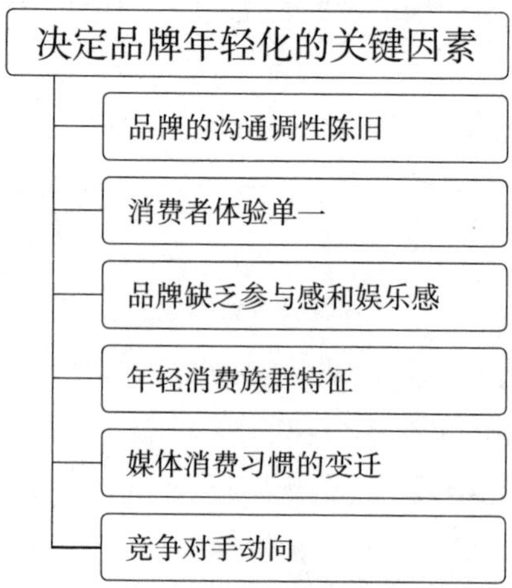

图 3–3　品牌年轻化关键要素

此时，针对上述内容提出问题即可：如何在年轻消费者眼中更新品牌的沟通调性，提升品牌参与感。

当你将这一问题回答出来以后，便能够按着最简单的方式去做，与目标关系不大的事情，都可以放在后面。

这正是剔除干扰性因素对于实现目标的积极作用，从一开始它便让你从一个或几个准确的点开始思考问题，然后，以最简单的方式解决问题。

3. 放下规则，事情会有不同吗

有一次，我在某网络平台上发起一个话题。

一家开在地价昂贵的闹市区的咖啡厅，每杯咖啡20元。与周边的竞争对手相比，咖啡口味相似、价格相同，但咖啡厅的环境更好，所以顾客常常爆满。可是，盈利依然未能达到预期。在坚持“只售咖啡”的前提下，请问，你有什么方法提升它的利润率。

网友们给出的想法可归为三类：

提升价格类：提升咖啡口味、主攻高端客户、收取服务费等。

增加营业收入类：会员卡制度、延长营业时间、拓展线上渠道等。

降低成本类：缩小容量、聘请兼职员工、降低采购成本等。

这一类思考过程类似于图3–4所示：

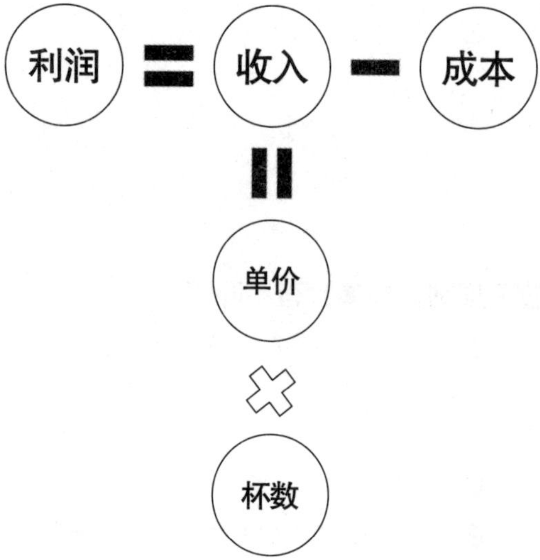

图 3–4　具体利润构成

的确，上述方法可谓非常完善，可是否还有其他的方法？

有些人则给出了不同的回答，其中一个方案是这样的：将咖啡价格降至略高于成本价，但在此基础上，按在店内饮用的时间进行实时收费——对于一个环境好的咖啡厅来说，环境也是一种可收费的价值。如此一来，外带客人猛增，咖啡厅的座位利用率也会大幅度上升。

听起来，这个方案非常不错。当然，你也会听到反对声："太天真了，咖啡厅都是按杯收费，哪里会有按时间收费的？"可是，谁规定了不能"按时间收费"？现实生活中，早已有"按时收费"这种经营模式，且采用此类经营模式的店里，其数据结果表明，该方法的确有提升利润率的积极作用。

其实，该案例只是假设，并不是真的要找出一个正确答案。在现实运用中，哪个策略更有效，还需要进行充分的市场调研。只是通过该案例的探讨，我们可以明确发现不同的思维方式差异。

• 两种思维方式，你选哪一种？

像上图3–4中所展示的思维方式属于典型的“垂直思维”，它可以让我们从一个点开始，跟随着严密的逻辑一步步向下推导。这是一种在“已知”局限的可能性内思考的思维方法，比如，“收入 = 单价 × 杯数”，其假设就是在“按每杯咖啡收费”的局限内思考，而忽略了“按时间收费”等其他可能性。

垂直思维可以使你的思考更完善、想法更清晰，同时也能增加表达的逻辑性。可是，当你想要对问题更有洞见时，水平思考便成了首选，因为它摆脱了固有观念的束缚，放下了环境、条件等各种局限因素，使你站在各个角度、多侧面看待问题。

当摆脱了“追求严密”这一垂直思维所带来的禁锢后，我们往往会对问题产生新的见解。从这一角度上来说，梦见蛇咬尾巴的苯环发明者，看到小狗转圈创作出小狗圆舞曲的音乐家，他们都是通过水平思考获得创意想法的典型证明。

若能够在思考过程中将水平思考与垂直思考进行有效结合，你的思考过程将会更深入。不过，运用水平思考并不简单，它需要你去质疑自己所面临的各类规则。

• 你在不自觉地使用前提条件吗？

很多时候，我们考虑问题时往往会不自觉地以某个前提条件作为出发点，然后，开始下一步思考，但这些前提条件往往会变成潜在的规则，并成为深化思考、找到新解决办法的最大禁锢。事实上，越是经验丰富的人，越容易受到前提条件类规则的束缚。

这一习惯性运用前提条件的做法被心理学家们称为“成功会复

仇”：到目前为止，你所获得的成功经验越丰富，你对环境变化所做出的反应就越迟钝，越无法适应新的趋势，从而导致失败。

这样的例子有很多。几年前，因成本上升，许多软饮料开始涨价——这是众所周知的、最直接的提升盈利率方法，但涨价导致了大量固定顾客流失。可口可乐为了避免这一情况的发生，巧妙地将可乐容量从600毫升降低至500毫升，而这一做法也产生了个经济学领域的经典话题："为什么可口可乐十多年了，还是卖三元一瓶？"

因此，在进行问题思考时，最好养成质疑的习惯，即针对某一问题，自己现在思考、认识它的前提条件是正确的，还是不正确的？是必要的，还是非必要的？是完全不能变通的，还是可以有所改变的？展开这种质疑，是摆脱前提条件束缚的重中之重。

• 放弃生活在习惯的世界里

我们中的大部分人都是经验与习惯塑造的产物，我们乐于生活在由自己的感官塑造出来的主观世界中。在这一世界中，我们因经验不足而导致的跌倒、犯错会减少很多，但创新却会使这种主观世界的自由性、自主性被打破。

可是，每一个有志于通过创新获得发展的人都需要正视这样的事实：重复旧的做法，只会获得旧的结果。做法是条例更是潜在的前提条件，这种前提条件被想象成了不可打破的规则，但事实上，想要获得最有效果的条例，就需要灵活地不断修正做法。

想要打破这种被习惯性做法控制的世界，就需要从多思多想开始，凡有问题，必须至少有三个解决方法。这样做的理由很简单：

◆ 对事情只有一个方法的人，必陷困境之中，因为他别无选择；

◆ 对事情有两个方法的人也难免陷入困境之中，因为他为自己制造了一个左右为难、进退维谷的局面；

◆ 对事情有第三个方法的人，通常会找到第四、第五，甚至是更多的方法。

• **运用质疑来加大思维深度**

多数人都有根深蒂固的、以既定前提条件来思考的习惯。这是一种由经验导致的自发性思维，想摆脱这种思维的控制，就必须提出一些对前提条件进行质疑的根本性疑问。比如，“为什么一定要将……进行五次？四次不行吗？”“如果……会怎样？”

在著名的麦肯锡商业咨询公司中，新成员们多次被教导“要从零起点出发去重新考虑问题”。该公司认为，这是使视野变得开阔的最重要前提条件。

在日常生活中，你也可以尝试着站在新角度、新起点看待问题。锻炼此类思维的最好方法就是，收集行家、专家们的各类言论，在认真研究、加以总结的基础上，思考“与之相反的方法是否可行”等，展开思维上的扩展。

想摆脱规则所导致的思维禁锢必须从日常生活入手，因此，不管何时何地，只要面临需要解决的重要问题，你就应对所有的前提条件报以持续，对那些普遍性的说法与常识，始终抱持着“这是真的吗”的全面质疑态度。这是放下规则、发现新知的根本所在，更是使思考深入化的源头措施。

4. 确定问题核心，激活高效分析

讲一个老故事：

一天，动物园的管理员发现袋鼠从笼子里面跑了出来。大家开会讨论后，一致认为，是因为眼下关袋鼠的笼子太低导致的。所以，他们决定，将笼子的高度由10米增加至20米。

结果，第二天，袋鼠依然跑到了外面，所以，管理员们又将笼子加高了10米。

问题并没有解决，第三天，袋鼠还是跑了出来。于是，笼子的高度直接被加高至50米。

一天，长颈鹿与袋鼠聊起了这件事：“你说，这些人会不会继续加高你们的笼子？”

袋鼠说：“很难说，如果他们再继续忘关门的话。”

有趣的故事揭示的是解决问题时未深入思考、流于表面的现象：问题摆在面前以后，很多人只知有问题，却不知如何去把握问题核心。上面的例子里，“门忘关”才是“问题关键”，而“加高笼子”则是“补救结果”的措施。一味在结果上绕圈，自然难以解决问题。

因此，面临问题时，我们最需要做的，就是在目标确定以后，分析并找出问题的核心所在，同时，以此为突破口，来解决问题。

• **找出真正的问题**

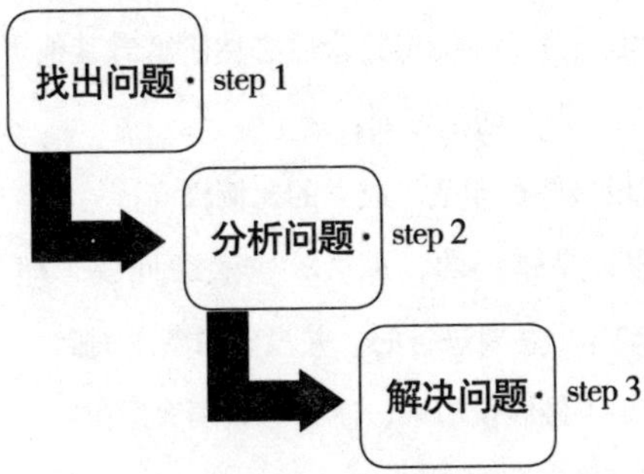

图 3–5　解决问题三步骤

在图3–5中展示的三步骤里，分析问题是逻辑思维的范畴，而解决问题则是专业技能与某些通用技能的范畴。

现实工作与生活中，相当一部分人之所以“没有想法”，重点并非思维不够深入、分析不够细致，而是因为他们在刚开始时就没有找到真正的问题。这就意味着，后面的思维再深入、分析再细致也只是枉然。

想要真正快速地找到问题，最好经过两个步骤。

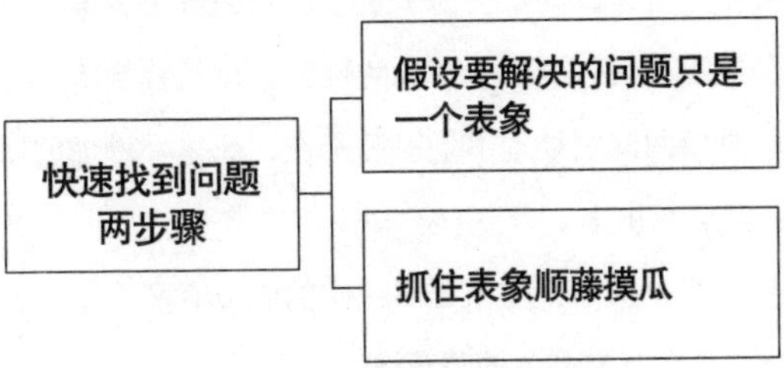

图 3–6　快速把握问题的两个步骤

只有依循了图3-6中的两个步骤，才有可能确定问题的关键与核心所在。

• 先把问题假设成“表象问题”

当你面临一个问题时，最好先假设自己需要解决的问题只是一个表象，只是冰山一角，并设想其背后必然隐藏着其他更重要、更深入的问题。这样做会带来两个好处：

◆ 这种假设最终被印证、成立的比例极高；

◆ 即使假设是错误的，那么，“表象问题”即“实际关键问题”，第二步动作也是要进行的，并没有白费工夫。

但是，如果不做假设的话，便会导致两大后果：

◆ 核心问题未得到彻底解决

表象问题太简单而流于表面地解决了问题，或者解决问题者的实际操作能力较强，手起刀落地彻底解决了该表象问题——看似利落干脆，但真正的核心问题依然在那里，有时候甚至会因为环境变得更适合问题发展，核心问题会如同树根一样成长、壮大，导致小问题变成大问题。

◆ 在表象问题上浪费过多时间与精力

表象问题上遇到太多阻力，并花费太多的时间与精力去死磕——若是团队协作类工作，甚至会为了表象问题的解决方案而争执许久，争来争去，最终会回到第一个后果的情况：虽然找到解决方案，手起刀落，可解决掉的问题根本不是根源所在，而是“壁虎的尾巴”——用不了多久又会长出来。

我们可以举个例子，用来证明这样的假设有多么重要，以及表象问题在实际生活中具有多大的蒙蔽性。

一名因个人能力出色的部门管理者A，为了早日再创新绩，充分发挥自己在业务能力上的优势，对下属的工作过多指点，且制定了诸如一月内连续三次工作不合格便扣工资一类严苛管理制度。半年时间里，部门成绩毫无长进，而他自己也比原来做管理以前更辛苦、更劳累。

正百思不得其解时，一名能力相对较为突出的下属B提出辞职。他非常意外，问对方为何辞职。

对方解释称，女友在家乡工作，聚多离少，为了挽回快失去的感情，想要回家找工作。

A则开导说："为什么不让女友来这里工作？或者让她再等等，现在还年轻，正是打拼的好时候，你又是部门骨干，再和女朋友好好说说。"

挽留无果，B离职。

因挽回与女友的感情而辞职，这只是表象。事实上，职场里员工们说出口的、高达90%的辞职理由有可能是编的。若轻易相信，自然难以称为"合理管理者"；若不信，想要降低员工离职率，就必须探究骨干离职背后的真实原因——这才是解决问题的关键所在。

• 抓住表象找出所有的问题

表象问题只是一个引子，是一个歪瓜，顺藤向上摸，先将一条藤上的瓜都摸出来，然后，再从与这根藤相交叉的其他藤入手，继续将其他藤上的瓜也摸出来。以此类推，尽可能地将瓜全部找出，将藤蔓一一扯开，而这些就是将所有相关问题、问题关联人与要素一一列出的具体步骤。

这种顺藤摸瓜在实际操作过程中的展开，表现为"多问为什么"：在现代精益管理理论里曾经提到过，解决问题、深化思考的一个重要步骤就是先不断发问。只要深挖的对象不是某人刻意隐瞒的信息，一般都可以询问出相关答案，并有助于找到问题根源或核心所在。此方法对于那些基于可见事实的探讨非常有用。

此处的关键在于展开优质的提问。日本著名的“高管教练”粟津恭一郎提出过5W1H（图3-7）与3V（图3-8）组合提问法，这种方法对于抓住表象找问题有着极大的帮助。

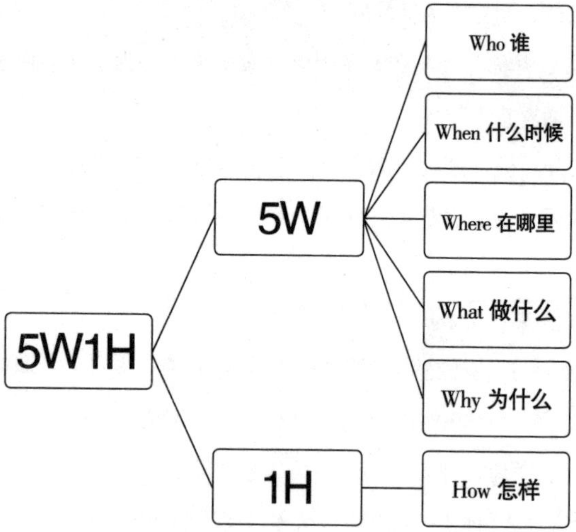

图 3-7　5W1H 提问法

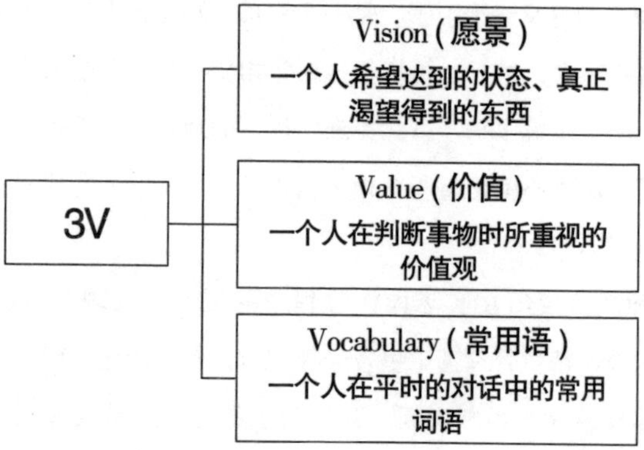

图 3-8　3V 内容图

依然拿上述管理问题来举例。骨干员工离职后，不断有员工提出请辞，此时，管理者就有必要从表象问题去探究根本，在利用“5W1H+3V”法来进行提问时，针对员工的具体情况来列出3V：

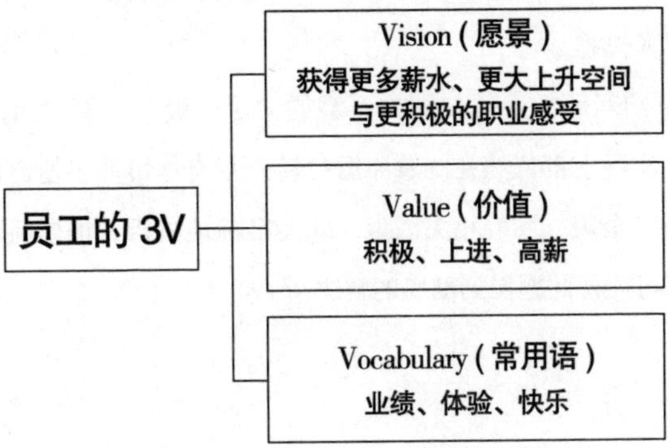

图 3–9　员工 3V 内容图

可以看到，在图3–9的“3V”元素甄选中，你必须要着重于“问题根源者”来进行设定，谁引发了问题，便以谁为中心，确定其3V元素。

疑问词选择则需要站在“解决问题者”的角度来展开，为了方便自己发问、探究根本，你最好选择那些自己较少用的词，比如，若你常常使用Why，而较少使用How、When、What等疑问词，那就选择使用较少使用的。这是一个有意识的创造过程，它可以帮助你去关注那些未曾内化的提问。

由此，我们可以获得这样的提问：

① 员工想获得怎样的工作环境来得到更高的薪水？（What + Vision)

② 如何才能让员工在工作中体会到快乐？（How + Value)

③ 我要如何改变眼下的管理举措，才可能使当下情况有所突破？

（When + Vocabulary）

你可以将5W1H和3V的组合写在卡片上，并以任意的方式将两组内容组合造句。这样，可以确保你得到真正有价值的优质问题——这是一个简单的头脑风暴，同时也是一个通过表面现象、深入发掘问题根本的思考过程。

看不到问题的人就如同拉石磨的驴子一般，不管付出多少时间与精力，实际上都依然在围着石磨打转。只有尽可能多地通过表面问题了解事实全貌，发掘相关因素，才能准确地分析、把握问题核心所在，才有可能使问题得到彻底的解决。

5. 盘点你知道的，更要盘点你不知道的

很多时候，我们在遇到了真正的难题以后，不是积极地去解决它们，而是会放任不理，由其自生自灭。

为什么会出现这样的情况？

这其中的原因之一就在于，我们没有获得充分的信息盘点，而信息量的匮乏又导致个人无法从重复同一思考的模式中跳脱出来，最终使思考进入死胡同。

举个例子来说，一家创业型公司的产品销量近期有所滞缓，经营者正与管理团队琢磨该如何提升销售额，并总结出了几个着实不错的想法。可是，所有这些想法都必须投入相当的资金与人力才能够实现。

可眼下，资金与人力都不充足，怎么办？

经营者思来想去，都想不出不需要投入资金就能解决当下困境的办法。由于思考进入死胡同并不是一件令人身心愉悦的事情，因此，在绞尽脑汁以后，他选择了普遍性的做法来将问题搁置：“到时候再说吧！”

为什么想法再好也得不出好结论？很可能就是因为，在思考无法前进时，你只满意于自己眼下已知的一切，却未实现全面的、有助于

决策的信息盘点，导致想法只能沦为想法，而无法成为现实。

如何解决这一问题？巧妙提问法是一个不错的建议，可以让我们意识到在当下的困境面前，有哪些信息还需要了解，有哪些信息已经了解。

• 运用巧妙提问，实现更好的信息盘点

巧妙提问法中的问题种类、形式、时机与导向与简化分解法中的都不同。比如，普通的提问方法会问："为什么会出现这个问题？是什么造成的？"这种希望一下子找到解决问题答案的方法，往往会造成个人思维在瞬间走入困境。

相比之下，巧妙提问法会问："我们解决这一问题是为了什么？"它提供了目的明确的信息，在开放了个人思维的同时，也给了自己力量，使自我思维可以更好地发挥，进而成为一个好的听众与出色的指导者。

思考以下巧妙问题，你便能够感觉到，如果能够好好地回答它们，它们能够提供给你巨大的信息量：

◆ 你的客户期望你的产品或服务达到怎样的成果？

◆ 你的主要产品与服务是什么，如何来改进它？

◆ 怎样帮助基层员工获得更好的生活？

◆ 如何减少组织内不合规定的操作？

◆ 如何使用合作方式解决部门间的沟通问题？

◆ 若你每天都充满激情且目的明确，你的生活会怎样？

◆ 若在一个能够满足你的创造欲、给你充分自由的组织里工作，你的感觉会如何？

• 四大阶段，实现巧妙提问

巧妙提问法包括了四大阶段，每一个阶段都标明了你要面对的问题或要采取的一系列行动，同时更能帮助你盘点自己手中所有可以利用的资源以及眼下你并不知道的事情。

◆ 人的参与：谁是问题相关者？

不管是问题还是解决方法都不可能脱离人而存在，因此，巧妙提问法的第一阶段需要从人开始。在这一阶段，你需要提出一些有助于形成代表所有相关者利益的最佳解决方法的问题。

这一阶段的问题要收集有用信息，以帮助你了解目前所涉及的各种人员的特殊性，他们所拥有的具有价值的特殊信息，以及他们在解决方法的形成中所起到的作用。

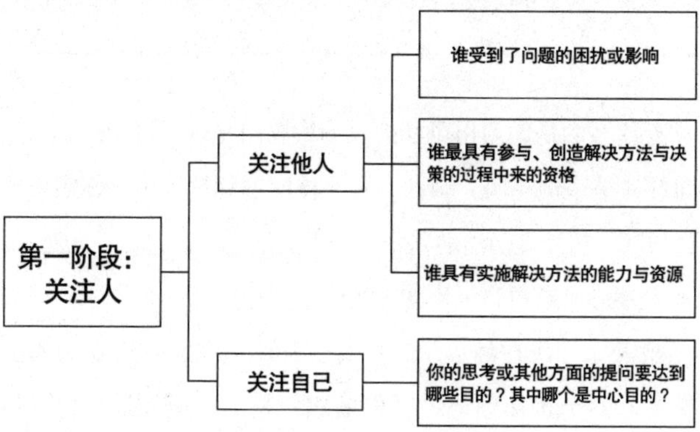

图 3-10　第一阶段“人的要素”

通过图3-10中的提问，你会获得包括两个具体行动的结果：让所有合适的人参与进来，以确保未来解决方法可以被每一个相关者接受。

◆ 什么是巧妙的问题？

在按上述步骤进行提问时，你可能会怀疑：“我怎么知道自己的问题是否‘巧妙’呢？”很不幸，对此并没有一个简单明确的答案，有时候，我们需要凭直觉去判断。但是，在你考虑问题的时候，你可以按表3–1中的提示问自己一些指导性的问题。

表 3–1　助力实现巧妙提问的指导性问题

我问的是否与三个基本问题相符合？
我问的问题是否引起了面向未来的多种回答？
我问的问题是否带来了新的信息来源？
我问的问题是否有趣，或对他人的领悟有启发作用？
我问的问题是否激起了富有创造性的回答（这一问题可以形成多种选择方案）或其他巧妙问题？
我问的问题是否可以让人们使用巧妙问题来自己创造出解决方法？
我问的问题是否可以让人满腔热情地凝聚起来，努力创造出一个理想的未来并得到结果？

需要注意的是，列出可能涉及的所有问题是不可能的，这里的指导性问题只是举例说明，因此，在具体的创意过程中，你需要根据人员、目的以及巧妙提问法的基本问题来创造出自己的巧妙问题。

◆ 利用倾听获得自己不知道的信息

想想看，你所在的公司，或者更具体地说，你所在的团队或部门，究竟是在为谁而服务？你们的客户是谁？他们是在购买你的产品，还是在购买你的服务？

不管你是在为谁提供产品或服务，有一点是肯定的：他们肯定有自己的需求，不仅如此，他们还会通过各种不同的方式来表达自我需求，而那些失败、不被接受的思考结果，往往是因为问题解决者不懂得倾听而导致的。

因此，真正的思维高手常常会懂得按表3–2中的方式展开自问。

表 3-2　想一想，对方需要你做什么

他们究竟想要什么？
他们希望你改进什么？
他们希望你避免什么？
他们希望你可以帮他们一劳永逸地消除什么？
你或你的公司究竟要怎样做，才能帮他们达成心愿？

很多人不能意识到这些信息中蕴藏的价值，但事实上，它们才是真正的宝贝，因此，千万不要做那种“入了宝山却空手而归”的傻事——这是你盘点信息、实现更深入思考的最佳途径。

当你实现了更彻底的信息搜索与盘点后，你会发现，你所面临的问题其实有很多可切入的解决角度，而这将为下一步确定主要问题、寻找新的解决问题思路提供充分的证据。

6. 找出“谁能解决这个问题”

对待未知的状况，最忌讳的就是匆忙下结论去认定问题所在，因为一旦问题确定有误，所有你想出来的解决问题方法都将白费。举个例子来说：

某公司的大厦一共33层，但仅有两部电梯，每天上班高峰期时都格外拥挤。一天，左边的电梯突然坏了，仅剩右边一部电梯，自然更挤、更慢，这导致很多人天天迟到。

那么，有关“电梯坏了导致迟到”这件事情，问题到底出在哪里？

仔细分析，这件事情可以分为很多方面：

① 电梯坏了，物业不作为，没有找人来修，导致很多员工天天上班迟到；

② 电梯拥挤，是因为大厦里面太多人了，每一次电梯来都挤不上去；

③ 就算上了电梯，因为只有一部电梯，所以层层停，导致乘电梯的时间变长；

④ 自己起床时间未提前，导致未留出足够乘电梯的时间；

……

如果想要继续罗列下去，我们还可以列出更多的原因。每一个原因看起来都有道理，因为各人所处位置不同，看问题的角度不同，自然考虑起问题来，也会有所不同。

• 立场决定问题解决的解决角色

还是拿上面的例子来说：

对于修电梯的人来说，没有人通知自己，他们自然不知道电梯坏了；

对于物业来说，他们处理事件的途径是“有投诉”，没有投诉，他们自然懒得管；

对于那一部仅存的电梯来说，这么多人层层停，它的运作时间自然大大延长；

对于乘电梯的人来说，是电梯慢了才导致迟到，所以应该修理电梯。

因为大家想问题的角度不同，所以大家所认为的更妥当的处理之道也有差别：

① 对于电梯维修方而言，需要尽早告知，以便尽快修理。

② 对于大厦管理方来说，他们不可能因为电梯拥挤便减少招租，只能积极投诉，请物业来修；

③ 对于物业而言，若收到的投诉很多，便催促电梯公司赶快来修理；

④ 对个人而言，为了避免电梯未修好期间迟到，最好督促自己早起一些。

虽然是同一个问题，不同的立场、不同的角度、不同的角色，其实都可以促进问题的解决。

• 解决问题的关键可能是自己

在列出的种种解决问题方法中，我们可以看到，虽然让“自己早起”并非最佳解决问题渠道，但却是避免迟到的最好办法。

这也是在解决问题的过程中，我们必须要考虑到的问题：在你的眼里，你可能感觉这是别人的问题；在别人眼里，很可能感觉这是你的问题。

所以说，当面临一个问题时，先考虑“我做什么能让问题得到改善”，才是让自己所面临的问题得到缓解的关键。

• 脱离角色去看待问题

就算你意识到了自己就是解决问题的关键，你也需要考虑到，或许自己的想法并非解决问题的关键。就如同我们刚刚提及的电梯案例中所涉及的每一个人一样：大家都认为自己才是利益受损的一方，虽然自己可以解决“电梯坏掉”这一问题，但从根本上来说，偏颇的观点使他们都未意识到什么才是解决问题的关键。

我们最不能忽视的问题在于，处理、思考问题的是人，而人总是很难脱离立场或利害关系去思考问题。正因为如此，你有必要时时意识到，自己可能会因为立场与角色的不同，而产生观点上的扭曲，而这种扭曲可能会造成你在思考问题时提出的解决方法并不全面，比如，在解决部门争端时，你很可能只侧重于个人所在部门的利益最大化，而忽视了对方的利益——这种解决方法只会导致矛盾进一步激化，而对彻底解决问题毫无益处。

要想更公平、更客观地处理问题，你就必须要脱离现在的立场。

即使同一家公司内，也会因为不同人从不同角度看问题而导致差异很大。对于具体问题，总经理看问题时的观点，与部门经理、老员工、新员工看待问题时的观点，肯定不同。

这也彰显了这样一个现实：虽然组织是多个个体的集合体，而问题本身也与每一个人的利益息息相关，但处理问题的立场会随着负责的部门或者组织体制里的层级不同而不同。也正是因为如此，摆脱立场，以零基准来掌握问题，便成为我们深化思考的又一必要举措。

• 转换到与自己的不同视角去看问题

想确认自己处理问题时的视角是否扭曲，就必须改变自己看待问题的视角：

有利害关系时，要站在对方的角度去看问题；

有产品/服务接受者（顾客）的存在时，要站在顾客的立场去思考。

在完成上述两步以后，你还要同时站在包含了两者的立场上去思考，比如，部门之间有对立情况时，试着站在组织经营者的“总经理”立场去看问题。采用保持中立的第三者立场来观察事件也是一个不错的方法——一个真正有想法的人，最典型的思维特点就是在看待问题时客观、不偏颇。

而想要做到真正转换视角，最简单的方法就是，找到自己需要转换的那个角色，并针对该角色尽可能地搜索到更多的资料与信息。

在这一点上，我们可以向产品经理学习。产品经理往往代表着产品的目标消费群，而目标消费群不会每次都一样，优秀的产品经理会站在不同消费群的角度，换位思考产品的走向。

7. 权衡利弊，让意见与现实相联

“这个想法不错哦！”

当有人提出了好的想法时，整个团队都会为之一振，于是，大家围绕着好想法纷纷发表意见。可令人诧异的是，一段时间以后，这一想法就会被遗忘——这种常见的“好想法变成空想”的现实，其实往往与意见缺乏落地力相关。

我们深化思考的目的，并不仅仅是诞生好意见，事实上，如何让意见落地成为现实，才是我们展开深度思考的最终目的。因此，在思考问题、产生意见的过程中，我们有必要立足于自己的职责，在意见与现实之间形成联系。

• 永远三思后行

中国有句老话：“三思而后行。”这也是深化思考的最后一步：所有想法发展成策略都需要时间，你也需要给出它们具体化的时间。

2010年，著名的维珍集团推出了“维珍酒店”这一酒店品牌。当说到如何让酒店做到“既舒适，又可带给客人全新感受”的设计理念时，时任该酒店的CEO劳尔·雷欧直言，提出一个拥有信服力且拥有可发展潜力的想法是一个长期的过程。就拿维珍酒店芝加哥旗舰店的室内设计来说，他们思考了种种潜在的问题，比如：

如何在仅有空间内，营造出出色的家居感；

有哪些细节在酒店房间内出现时，会引发顾客反感；

对比各大同类酒店，要如何展开经验借鉴与教训汲取。

劳尔先生所说恰恰是我们应该在深化想法的过程中必须注意的：不管是什么样的想法，未成型以前，都需要个人进行仔细的雕琢，钻石越多切面越可现其光芒，完善的意见当然也是这样。

• 让你的意见与组织目标相契合

能让你产生意见的问题从来不是孤立存在的，这就意味着，你的意见也应与外界需求相呼应，以需求指导意见，而且，需求的有效性直接影响意见的落地力。这就需要你学会从大局观发表意见，把握“是否可现实执行”这一方向，才能保证自己在最大限度上用意见获得认可。

就拿那个建房子的老故事来说。某人经过建筑工地，问那里的工人们在干什么。三个工人给出了三个不同的答案。

第一个工人回答：“我在混口饭吃。”——他只考虑了自己的生理需求。

第二个工人回答：“我在做整个国家最出色的建筑工作。”——他只考虑本职工作，很少考虑大局。

第三个工人回答：“我正在建造一座高楼大厦。”——他说出了自我行为与目标的真谛。

这恰恰是思维导向在具体运用中的直接表现。有效的意见意味着意见持有人在思考过程中便已经把握了“是否可现实执行”这一方向，并从整个组织甚至是行业价值的角度来看待自己的意见，从而使意见变得与现实需求更有契合性。

这一点也是日本创意思考专家中松义郎的主张：当个人意见与组织需求相一致时，意见被尊重、被执行的可能性就越大。

• 权衡优先级

不管是大公司还是创业公司，它们的资源都是有限的，这就意味着，投入与产出比非常重要。因此，排列优先级别，主要是将有限的精力投入最具有高度重要性的方向中去，并优先解决它们。若不是那么重要，比如，一些小改动，且不影响产出与利润的，就得往后放。

站在这一成本角度上来说，算上执行成本与时间成本，使一个好的意见变成现实，从来不是一件容易的事。赋予意见生命力就如同生养一个孩子——没有人会比你更了解自己的想法，因此，不管遇到什么样的情况，你都需要对它负责，同时还要保持调蓄的透明化，让所有人了解，你的意见到底源自何处以及在细节方面有哪些需求。

针对优先级的情况，一个名为“RIBS”的自我询问测试，可能会给你带来一些新启发。

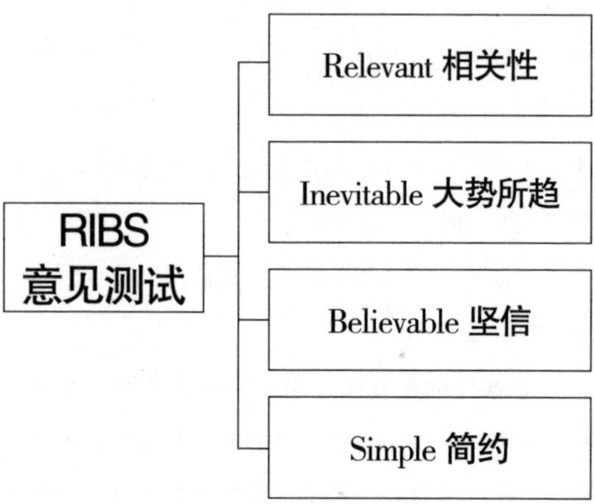

图 3–11　RIBS 意见测试法要素

图3–11中，RIBS的因素可详解为下述内容：

◆ 相关性：你所需要表达的意见，是否是公司想解决的问题？

◆ 大势所趋：你的意见是否顺应潮流，如果大环境不成熟，市场不接受，或者公司根本没有实力去落地，那么，你的意见便是在与整个环境作对。

◆ 坚信：你是否相信自己的意见是解决当下这一问题的最好回答？

◆ 简约：在组织内，每一个人的时间都是宝贵的，一个能够以简单方式传达给他人的意见，才是最有效的。

• 思考一个具体的行动计划

现在，你的创意白板上可能已经充满了诸多想法，你需要有选择性地来实现它们。为了确保意见真正能够解决现实问题，你需要重新通过个人定位来过滤这些想法。

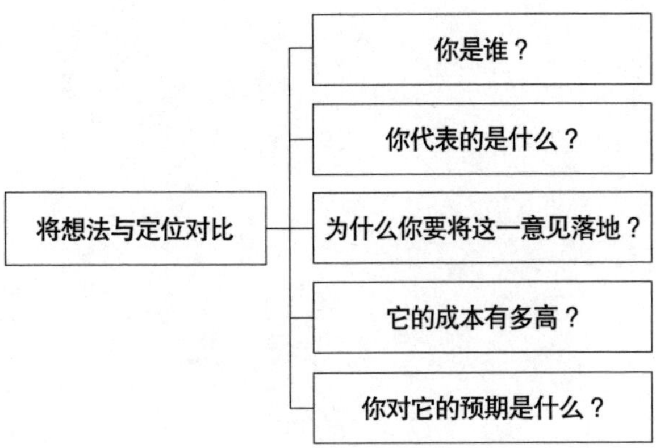

图 3–12　想法与定位对比图

如果你主营的是一家以科技为主调的餐厅，那么在每个餐桌上固定一台iPad来方便客人点餐，可能是一个很酷的触摸体验，但是，如果将整个餐厅都变成一个触摸主题馆，便会走得太远了。

考虑一下每一个你想发表的意见，并以成本、预期影响的维度来进行全面的评估，进一步明确易于实现与预期分化的都有哪些。你需要注意：你不可能将它们都做好，所以提取出几个最好的意见来，然后发表它们。

由于你的思虑周全，他人可能会注意到这些微妙而美好的变化，而这些变化会促使他们更愿意去支持你的意见，并进一步将之转化成现实中的某类举措。

完成上述步骤，你就能成功地让意见与现实相联。不过，想要这一过程不断地持续下去，你需要将这一练习坚持下去——至少一年一两次，不断地改善，不断地变化，并寻找新的契机来进一步深化自己的思考。通过评估、改善与重复，你才能经常站在职责角度上，提出最符合外界环境、内部需求的意见。

SIKAOZHISHENG

第四章

运用“元问题解决者”视角

想成为一个有想法的人，你必须进行深度思考，让自己立足元问题解决者的角度去看待问题。元问题即第一个问题，即最根本、最基础的问题，通过解决元问题从而解决其他衍生问题。

1. 元问题是一切问题的根本

元问题就是最本质的、最基础的问题。

拿行业元问题来说，什么是医药行业的元问题？毫无疑问是针对特定疾病，展开产品研发。而解决这一元问题，其实就相当于解决了医药行业的生存问题。

行业内的元问题很好理解，但是我们在现实生活中却往往无法分清元问题的真实所在。比如下面这个问题，你很可能就会受困于“亲情”之中，无法看到现实。

• 元问题 = 本质性问题

A与妻儿一家三口住在北京的某公寓里，他的母亲则在老家乙城独自过活。一年前，因为父亲意外去世，母亲的社交活动大大减少，也因此多次透露，想要搬到北京来，与儿子一家同住。

在与母亲沟通的过程中，A先生得知：

最近母亲变得极易生病，并开始频繁担心健康问题；

朋友越来越少，因此也渐感孤独与寂寞；

母亲感觉乙城的冬天太冷；

乙城房子太大，母亲打扫起来太麻烦；

母亲在北京有几位亲戚；

母亲想要帮助儿子、儿媳看孩子，希望搬至北京与儿子一家同住。

A自然感觉母亲可怜，因此也动了将母亲接来同住的念头，可妻子却指出，现在所住的两室一厅太小，同住不方便，再找房也不太现实，加上与婆婆关系不好，不愿意与母亲同住。

此时，身为儿子的A，要怎么做才能解决问题？

在日本管理学家大前研一眼中，“深度思考”意味着你必须针对眼下的情况找出最具有根本性的关键，然后再想出解决办法。他直言，如果能够发现这一关键，问题便已经解决了60%——而这一“本质”其实就是“元问题”所在。

可是，元问题发现起来往往很难，因为很可能问题引发的现象、并生的次问题很多，但元问题只有一个，若将“原因”与“现象”“次问题”弄混，元问题便极难确定。

比如，上面的案例中，想要抓住“母亲为什么非要来北京与儿子同住”这一问题的元问题，你就必须彻底搞清楚，母亲到底说了什么。

对母亲的话归纳后便会发现，母亲谈及的内容主要有以下三类：

“房子太大，打扫卫生太麻烦”“乙城太冷”等涉及环境问题；

有关朋友的话题；

“想帮儿子、儿媳照看孩子”的想法。

后两者皆属于表达除自身以外的、涉及他人的问题。

可是，与“环境问题”“他人的问题”相比，往往“自身问题”才是元问题所在，而审视以后我们便会发现，A的母亲想要来与儿子同住，关键在于父亲去世以后感觉到了“孤独”——接下来再考虑对策，问题自然迎刃而解。

• 问题线索≠元问题

2006年时，美国哈佛大学将一年一度的搞笑诺贝尔奖颁发给了澳大利亚的数学家妮克·斯文森和物理学家皮尔斯·巴内斯博士。这两位的研究课题是：在拍摄集体照片时，需要连拍几张，才能保证照片里所有的人眼睛都是睁开的？

研究设定解决这一问题的最佳边界条件是20人以内，且至少连按三次快门。若人数超过50人，那么，不管你怎么操作，都会有人恰好闭上眼睛。

这两位是澳大利亚一流的专家，他们在经过了大量的数据与模型统计分析以后，得出了这样的结论。

可我们都知道，现实生活中，可能连数学统计都丝毫不懂的摄影师在拍照时，都会通过喊“一、二、三，大家一起睁眼看镜头”来保证每一个被拍照的人都不闭眼。

你或许会认为两位专家的研究方式与理论都过于迂腐，可实际上，他们二人之所以会出现这一问题，关键在于其认知方式——他们对问题的定义丢掉了本质。

“拍照效果最优”的本质，并不是怎样找到大家都“睁眼”的拍摄条件，而是要不断地去试想，要怎样去设定规则，引导所有参与者在拍摄的一瞬间可以配合拍摄——“睁眼”只是线索，“如何设定规则，让人配合拍摄”才是本质。

现实生活中，把线索当成问题本质的情况比比皆是。在传统医学中有表象为“症”、病根为“证”的说法，而这种说法，其实就是“线索”与“本质”的问题。普通人在解决问题时，大多聚焦于“症状”，而未深入挖掘以寻证。

这就如同你出现了心慌、气短、冒汗等症状，上网一查，与心脏病症状一样，恐惧地担心自己得了心脏病——可优秀的医生却会通过诊疗告诉你，这是因为你最近熬夜过度，导致身体出现了问题。

能够顺藤摸瓜看清种种迹象只是线索，并根据线索探索问题本质，这才是思维不断深入的关键。

• 想找出元问题，必须要有问题意识

可为什么我们在现实中解决问题常常会舍本逐末？关键就在于，自身未能建立起积极的问题意识。

问题意识，即对现状不满，有寻求向前作为的想法，而找不到问题，要么是因为标准定低了，要么是缺乏标准或标准模糊。

发现问题，首先需要我们发现“差异”：一旦现状与标准或者预期的状态存在差异，就表示我们已经遇到了问题。

所有问题都可以按图4-1中方法分为三类。

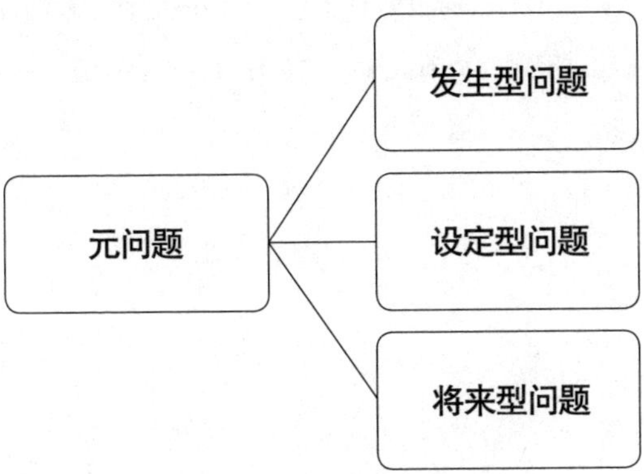

图 4-1　元问题的三种类型

现在，我们仅拿职场中的问题来举例说明这三类问题：

◆ 发生型问题

此类问题即当前的确存在的问题，它们往往是因为不符合某项标准而造成的，是已经显现出来的问题。比如，出现了故障、数字不吻合、出错、出现异常情况等。遇到这种情况，你往往会下意识地认为，它是因为不符合某项标准而导致的，所以它是已显示的问题。

◆ 设定型问题

指眼下还未发生，但是如果提高认知标准就会被发现的问题。比如，“业内平均水准相比”“如何满足更高的客户要求”“进一步提升利润率”，等等。

◆ 将来型问题

指眼下虽然还未发生，可是预计日后有可能会发生并被发现的问题，它们是潜在性的问题，往往会随着时间的推移作为结果而显现出来。

这三类问题的解决方法各有不同，但只有搞清楚它们的区别所在，接下来的解决之道才会在具体的基础上带有针对性。

当你从问题本质、问题类型确定了元问题的真正根源以后，你才有可能建立起对问题的清晰认知，进而有勇气去直面它、解决它。

2. 摆脱因果关系，进行系统化思考

我们常常会看到，在运用了一个看似能够直接解决问题的方法后，却未能达成我们想要的结果。在过往，这样的例子数不胜数。

英国侵占印度期间，德里地区有很多毒蛇，经常伤人，为了解决这个问题，英国政府悬赏，居民可杀死毒蛇，每条毒蛇能获得一定的奖励。

开始时，这一举措的确有效，但随着野生毒蛇的不断减少，将“杀蛇”视为获利渠道的人们开始豢养毒蛇，以换取更多奖励。

当政府了解到这种情况后，猎杀毒蛇的奖赏自然取消了。而取消的结果是，原本处于豢养状态的毒蛇被大量放生，使得毒蛇数量数倍于悬赏杀蛇前。

表面看最直接、最有效的解决问题方法，反而成为制约问题解决甚至是导致问题更严重的关键所在！这类解决方法都有一个明显的特点：以因果关系来解释一切。

• 线性的因果关系

我们的大脑在处理事情时往往倾向于建立起最简单的因果关系，而这种认知偏见也影响我们在职场上的具体表现与思维深浅。比如——

如果提升公司基本工资标准，人员流失问题就可以解决；

如果生产线出了问题，我们就在生产部门寻找原因；

如果销售达不到目标，就需要进行新的销售奖励，或者展开某种促销活动；

如果工作完成不了，就招聘更多的员工；

……

从因果关系上来说，上述方法其实都是“行得通”的，但真正实践起来却会发现，这些举措并没有彻底根除问题，甚至因为拖延了根本问题的解决，而使问题获得了发展、滋长的空间。而这种线性思维方式的最大特点就在于：它们的“因”与“果”在时空上并不是紧密相联的。

我们所遇到的很多问题，都是在一个复杂的、可适应系统中发展起来的，说这些系统是复杂的，是因为很多的“果”并没有简单直接的“因”，它们是多种变量作用后的结果。说这是一个“可适应”的系统，是因为“因”与“果”在很多时候没有明显的界线，它们极有可能相互作用，实现了“互为因果”的动态影响，也只有在这种动态影响中找到均衡之处，问题才能得到彻底解决。

• 系统化思考是避免线性思维的关键

在现代物理学中有这样一个重要的观点：物质的部分性质往往并不是最重要的，最重要的是它们的具体组织、它们组合起来后呈现出来的模式与形式，即各个部分之间的具体关系。就像石墨与钻石——若从部分来看，它们都是相同的碳元素构成的，只是碳元素的组织方式不同，而展现出来的性质也截然不同。

而真正的元问题解决者在思考问题时所采用的恰恰是这种系统化思考：他们不会遵循线性思维方式，而是纵观全局去思考“事物与事物”“事物与人”“人与人”之间的关系，而不是只关注“事物与人”之间的关系。

这种思考方式采用了不同的假设：整个系统中各个元素的交互作用与具体关系，决定了局部的特点，因此，分析问题时，不仅要考虑到部分的特质，更要看清整体内部不同变量之间的互动结构。

最能呈现这种思维方式的便是各个网购平台上的反馈机构。仅拿阿里巴巴旗下的淘宝天猫平台来说：从最小的系统来看，一件交易的完成，最少涉及了用户、商家与天猫平台三个部门，而它们之间发生关系的中介就是“天猫平台”。

为什么人们会信赖天猫，并将之作为网购首选？关键就在于，天猫在担当起中介职能的同时，提升了系统有效的反馈——它通过鼓励用户（购买者）评价，呈现出了用户对某一商品的购买信息，从而影响了商家的具体评分、成交量。更主要的是，用户评分还是商家产品搜索排名过程中的关键指标——而这些内容都使商家能够更好地在反馈机制的监督之下，更自觉地调整个体行为，更好地服务于购买者。

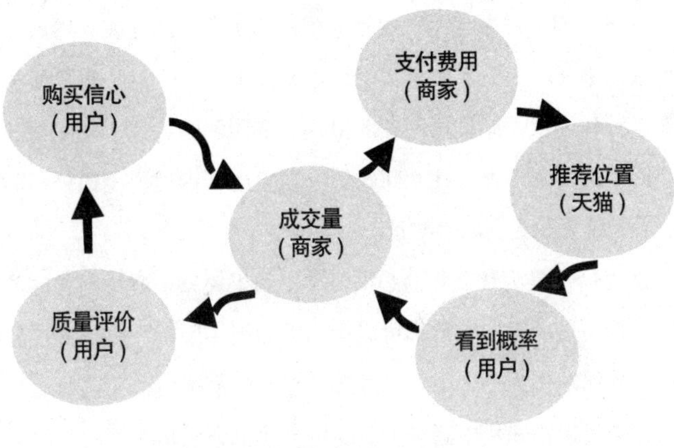

图 4–2　天猫平台的简单关系

可以说，在图4–2展示的这一过程中，设计者的元问题解决者的视角一览无余：只有依据于用户反馈形成良性机制，才能真正实现天猫、商家与用户的三方得利。

• 通过系统化思考，找到关键环节

如何形成这种有效的互动式思维？这就需要理解事件中各个元素的相互关系与相互作用，找到其中最值得关注的关键环节或者薄弱环节。

举个例子来说，美国著名的美铝集团，曾经面临着成本上升、收入与利润严重下降等一系列问题。如何改善这一局面？

当新CEO保罗·奥尼尔上任时，股东与员工们都期待着他能够在提升产品竞争力、开发新产品或者降低成本等方面有所举措。可令人震惊的是，保罗却认为，公司应该在安全生产上增加投入！

公司利润不断缩水，成本却在不断上升，此时还要增加什么安全投入？许多人难以理解，可当整个公司都将安全生产当成重点来抓后，不到一年时间，美铝便开始了利润加温。

原来，过去的数年间，美铝集团因为生产事故频发，导致停工数量与次品率不断上升，使得人工成本不断上升，产品产量与质量不断下降，种种因素不断作用下，才出现了集团利润急速下滑的情况——这恰恰是保罗真正地站在元问题解决者角度，审视了美铝公司的运作系统后，确立的主要问题变量。

这也恰恰是为什么我们必须要跳出因果关系来看待问题的关键：世界上并不是所有的事情都可以用“因为……所以”式的直接思维来解释。将问题作为一个系统来思考，在一定范围内，明确所有与该问题相关的因素，并从中确定主要变量，找出到底是哪些因素在影响着系统的思考，这样做，才能真正地找到事关元问题的最根本要素。

3. 确定真正需要解决的问题

从上节提及的内容里我们可以看到，运用系统化思考的关键，其实就是要将事物看成一个完整的整体，并从中确定主要变量，只有这样，才能找到真正需要解决的问题。不过，这种发现“真正的问题”的能力，并非人人具备。一个系统中真正影响系统运作的问题，就是那种价值100万美元的问题，它们不是想提就能提出来的。你之所以能提出有价值的问题，是因为你知道问题的七寸在哪里。

著名管理学家彼德·德鲁克曾经说过，一个企业领导者必须永远询问自己三个问题：

我们眼下从事的业务是什么；

我们将来可能从事的业务是什么；

为了从事我们将来的业务，我们眼下要放弃什么。

这三个问题便是与“企业生存”息息相关的关键问题，如果一个企业管理者常常问自己这三个问题，那么他的企业在战略方向上是不会出现什么大问题的。而反观那些在竞争中落败的企业便会发现，他们往往随波逐流，以顺水推舟的方式经营企业，流行什么就想干什么，直到最后一个无法解决的问题出现在他们面前时，才不知所措。

这就如同那个故事所说的一样：一片茂密的丛林里，一项清理某区域内的灌木丛的工作命令下达了。起初，大家热情高涨，很快就清理完成了，可这时，人们突然发现，旁边还有一片灌木，而那里才是真正需要清理的地方。

在生活与工作中，我们中的很多人就是这样做的：浪费了大量人、财、物，结果却一无所获，甚至起了反作用，归根结底就是未提前确定真正需要解决的问题。

而这种“确定问题”的能力所带来的好处是显而易见的：在大方向正确的前提下，不会出现原则性的问题。

• 找到眼下能解决的问题

有些问题的确非常重要，它们也是很多人一开始就试图解决的。这就如同著名的互联网公司谷歌公司内的Google X部门一样：它就是一个解决大问题的部门，而其典型作品就是近年来谷歌一直在下大功夫研制的“无人驾驶汽车”。

这一作品表明的不仅仅是谷歌想要颠覆与创新的雄心，同时也代表了谷歌的关注点。在陈述“无人驾驶汽车”的研究理念时，该部门主管奥比·费尔滕指出，现代交通系统中最大的问题就是安全，每年都会有超过百万人因为交通事故死亡，而几乎所有的事故都由诸如酒驾、开车发短信等人为原因导致，而无人驾驶汽车正是为了解决这一现实问题而研发的。

没有比这更紧急、更重要的问题了吗?

当然有，比如，这个世界上还有多达11%的人无法获得清洁水源，还有高达1/9的人口在忍受饥饿——很显然，比起安全驾驶来，这些问题更重要，可谷歌之所以没有开启相关项目的原因就在于，眼下没有突破性的技术来解决这些问题。

这也是很多元问题解决者在看待问题时的视角：眼下需要去解决

的问题可能有很多，但要在自己能够承受的范围内，去找出那个最值得去解决的问题。

• 利用二维矩阵找出真正的问题

如何确定那个真正值得去解决的且可以解决的问题？二维矩阵是一个不错的方法。

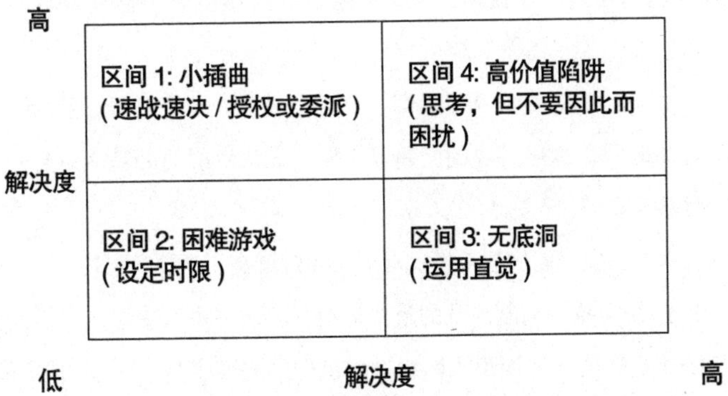

图 4–3　事件关键度的二维矩阵

在图4–3所展示的事件关键度二维矩阵中，我们可以看到事情的判断标准被区别为了“关键度”与“解决度”两个不同维度。（为了便于理解，我给每一个区间都取了一个名字。）

◆ 区间1　小插曲：解决度高、关键度低

被列入该区间内的问题往往是最容易解决、最不易造成困扰的，这类问题如果花费时间很少，便迅速解决它们；如果花费时间很多，可以委派给他人去做。

◆ 区间2　困难游戏：解决度低、关键度低

该区间内的事情就如同一个很难通关的游戏一样，可它又没有那么重要。这一区间会诱惑你花费大量的时间与精力做许多无用功。

比如，你是一名行政人员，上司让你调查大家对茶水间的意见，以便来年改进。你非常认真地设计了问卷发给大家。结果，有人提出，员工调查必须匿名，你需要弄个网站；还有人提出，他们总是出差，打开网站也不方便，最好搞个可以手机操作的APP。

你费力地花时间去解决这些问题，可事实上，到底通过什么渠道来收集意见根本就不重要，你只需要收集到意见就行了，毕竟，只是对茶水间提个意见而已，怎么会敏感费事到非要匿名收集与手机操作？

因此，对于此类困难游戏，你就需要设定一个时限，然后以此为标准，时限内能够解决的问题就去做，无法解决的问题就不要开始，直接放弃即可。

◆ 区间3　无底洞：解决度低、关键度高

这便是我们刚刚谈及的重要但眼下无法解决的事情，很多人很容易陷入这样的无底洞里。因为这些事情的关键度高，所以你很可能会感觉自己需要多花费一些时间，需要格外谨慎，可是，受困于技术、环境，问题的解决度明明很低，就如同股市波动一样，身为公司股票持有人的你天天研究，对股票的价格毫无用处。

把时间浪费在这些问题上，只是一种浪费。更重要的是，长久地让自己陷入此区间内，只会导致你毫无成就感，变得更加焦虑。对于此类无底洞，最好的办法就是使用直觉去面对，而不要陷入理性分析里，因为在处理超出了大脑可处理的信息量时，直觉往往会发挥更可靠的作用。

◆ 区间4　高价值陷阱：解决度高、关键度高

这一区间内的问题才是我们真正需要花费时间去解决的事情，而且，只要用心，它们就能够产出高价值的结果。

不过，这一区间内同样会有陷阱：正是因为重视，很多人都会

在内心漫无目的地反复思量，但却不会行动。你以为自己在思考与解决问题，其实只是在困扰与焦虑里耗费精力。比如，很多人对现状不满，想要换工作，于是每天都思考自己未来要做什么，可若只是一味地“想”下去，想一辈子也不会有结果，因为这根本不是思考，而是困扰——真正的思考需要你去收集信息、剖析自我、咨询他人、分析种种可能性，最终做出优化后的选择。

因此，当你需要确定哪些才是自己真正需要解决的问题时，你必须意识到，自己最需要去做的不是困扰，而是思考。那种毫无进展的反复思量从来不会产生积极的结果，想让事情产生结果，你就必须马上停下来，让自己做出有效的判断。

4. 澄清问题后，展开有效分解

很多处于“问题解决者”角色的人并不知道如何去描述自己遇到的问题，这导致了他们哪怕知道了方法，也无法确定真正需要解决的问题。他们往往会虚化自己的描述，而不良的问题描述会使他们缺乏去解决它的勇气，从而导致问题一直存在。

什么是“虚化”的问题描述？你可以从下述问题中窥见一斑。

近期，员工工作积极性不高；

团队执行力有所下降；

该公司新客户扩展能力不佳；

问题之所以出现，是因为跨部门沟通极不顺畅；

公司品牌竞争力处于脆弱状态下；

……

你很可能经常听到类似这样的问题，但此类问题多半无法解决，且日积月累之下，往往会变成无力又无法解决的抱怨。

如何更清晰地定义问题，以使问题得到更好的判断与解决？我们需要从找准描述方式入手。

• 进行明确的描述，而不是阐述感觉

我们在上面提出的几个问题，其实更像是一种综合性的感觉，它们将很多原本可以逐个去解决的问题混杂在一起，令人无从下手。

如果我们换个思维方式呢？当你感觉自己对眼下的问题不知如何下手去思考时，试着使用逆向思维去试试：什么样的状况是我认为没有问题的呢？

一个真正的问题往往可以在逆向思维以后呈现真相，但是，对于上述问题，逆向思维以后，我们会得到下述回答：

员工积极性高；

团队富有执行力；

新客户拓展顺利；

跨部门沟通顺畅；

公司品牌富有竞争力。

你会发现，在转换后，你同样无法明确想解决什么问题，到底要思考什么问题。

之所以出现这种现象，是因为我们总是习惯从自己的感受入手来替代问题，用综合性的形容词来描述问题，而这些行为最终只会让问题变得越来越复杂，而你也将越来越没有动力，更没有能力去解决。

爱因斯坦说过："精准描述问题是解决问题的第一步。"在我看来，想要真正地澄清问题的要点，就必须明确问题的定义。

表 4-1　五大要点，助力明确问题

(1) 问题是可以通过数据或明确标准量化的
(2) 问题中不能涉及原因，因为先列出原因会导致思维定势
(3) 问题应尽量简单
(4) 问题必须值得解决
(5) 问题本身不能包括解决方案，因为若解决方案有效，问题就不会发生

若能按表4-1中内容将问题定义出来，则属于已澄清的问题。

• **依据 MECE 原则，将大问题拆解成小问题**

更好的思维方式是这样的：

我感觉员工积极性不高，是哪些现象导致我产生了这样的感觉？

团队执行力低下，是因为团队的哪些方面未能达到我的要求？

……

如此解决下去，你就会发现，问题是需要分解的：只要将大的、模糊的问题分解为多个明确的小问题，你因问题而产生的畏难情绪便会减少很多，而剩下的便是如何一步步地去推进问题的解决。

不过，需要拆解的问题往往是大型问题，为了使每一步分解都变得有意义，我们必须要使用之前所提及的MECE原则，使每一个问题都彼此独立、互无遗漏。

举个简单的例子来说，若以“鸡蛋里各成分对健康的影响”为问题，次问题便应分解为“蛋白对健康的影响”“蛋黄对健康的影响”两部分。

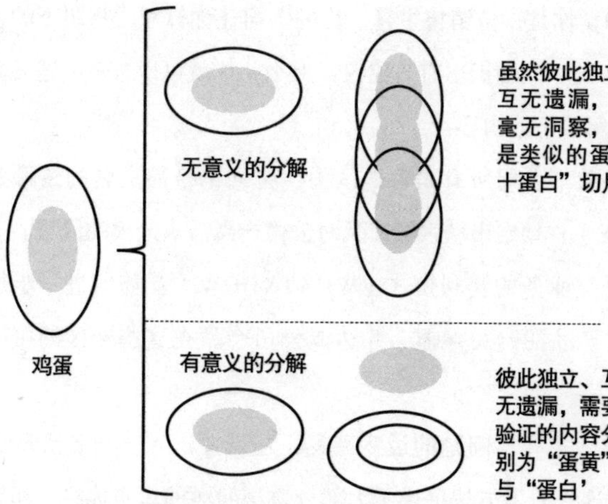

图 4-4　鸡蛋各成分切片法

但如果只是如图4-4一样，仅将鸡蛋切片分析，那么分析出来的答案依然是无意义的，因为它未实现各个小问题的本质性、区别性分解。

• **立足要素，进行普通问题的分解**

仅拿职场事件为例，一般的问题都可以分解为三个要素。

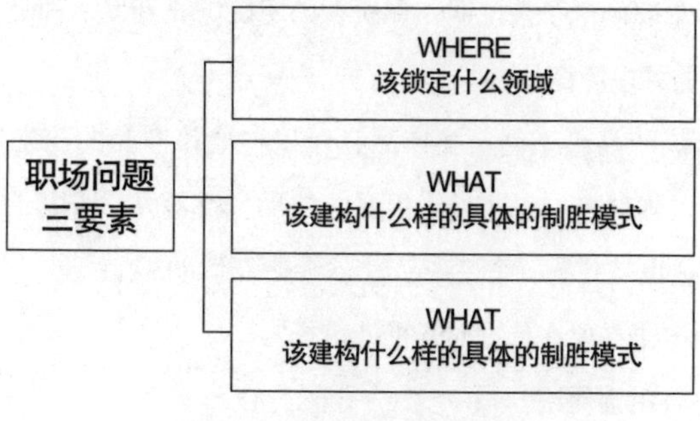

图 4-5　职场问题三要素

比如，你是一位销售主管，你的上司让你针对“将眼下的销售额提升2倍”这一问题提出有效建议，那么，你就可以按着上述元素，将该议题分解成下述内容：

①目前，公司所有销售地区中，位列销量前三名的是哪些地区（WHERE）：锁定市场区域以及对公司产品需求最大的区域。

②研究业务的获利模式（WHAT&HOW）：如何进一步提升这些地区对产品的购买兴趣，并达成公司产品在这些地区的可持续性发展。

当然，想找出问题的最终答案，还需要进一步对各个问题进行分解，可这一思考方法提供了大部分典型问题的思考途径，指明了一个事实：现实中很多问题其实都是可以按着模板来分解的，而你要做的，就是先搜集过去相似的实例进行观察，以共同的项目为基础，再加上自己所关注的观点，确定出最终需要分解的元素。

• 遇到难以分析的问题时，尝试着从目标倒推

不过，有时候我们也会遇到难以分解的新问题，在这种情况下，最好的方法就是尝试着从结果入手，想象一下自己最终想要的是什么，即从目标倒推回去。

依然拿职场例子来说明：你所在的团队需要开发一种眼下还未有商家推出的“电子商品券”。

由于该产品属于创新类产品，所以构成该产品的要素你无从晓得，此时，你就可以将“最终想要的结果”设置成“该电子券的核心理念”。这也是开发一个新产品时必须要知道的内容：

◆ 该电子券要在什么时候推向市场？

◆ 它将由谁使用？

◆ 在什么情况下会用到此类产品？

◆ 为什么该电子券会比当下已有的付费方式更有利？

如果再延伸下去，我们当然也可以立足于自己的职务要求，想到仅次于这些内容重要度的目标，比如：

◆ 对于成本控制人员来说，他们必须要考虑，设计该电子券会产生哪些成本，要如何在团队内产生分工，如何才能在预算允许的范围内完成该设计？

◆ 对于IT从业人员来说，他们需要考虑到，基于该产品的要素，需要构建起什么样的系统？可以设计出什么样的应用？

◆ 对于营销策划人员而言，则需要考虑为该电子券取什么样的名字？如何让它与既有品牌之间产生关系？如何设计它的广告标语？如何进行有效促销？

……

由此，站在各自职务角度，进行目标倒推，便可以更深入地对问题展开思考，并进而提出有效的意见。

在达成问题的澄清与分解以后，你分析的结果便可以从简单的、只侧重个人感受的疑问变成真正对组织、对团队有意义的问题。

5. 判断→排序→解决

想要在有限的时间与资源前提下提出有效意见，你就必须要弄清楚这样一个重点：哪些问题是重要的，是急需解决的？哪些是次要的，是可以放一放的？先针对那些能够快速制胜、具有重要意义的问题提出有效意见，才能够实现“先摘容易摘到的果实”。

以软件开发过程中关键步骤“软件调试”问题为例：软件调试的目的在于找到软件里的错误，使软件的质量有所保障，在调试的过程中，本身就是一个依据于个人判断与观点进行分析的过程。

了解软件设计的人都知道，通常一个软件中包含着数以万计的程序代码，在这种情况下，根本不可能实现对代码的逐一检查，最好的做法，就是依据“二八法则”来展开。在很多情况下，程序代码中相同的错误根源会表现为不同的症状，根据“二八法则”，只要找出某个主要错误导致的80%的症状，便可以一举解决软件里大量的问题，而不需要再一一弄清楚每一个错误所产生的每一种影响。

随后，再抓住剩下的20%的问题进行集中解决，便可以保证软件的质量达到“可供发布”的标准要求。

事实上，那些元问题解决者在思考的过程中，采取的策略与软件调试具有异曲同工之妙，他们都避免了在不必要、无关联的分析上浪费大量的时间与精力——首先分析出那些对解决问题拥有重要影响的问题，从而达到事半功倍的效果。

用深度思考来理顺问题的优先顺序，本质上是把握问题的重点进行分析，不过，在这样做以前，你首先须明确问题是谁提出的。

• 明确对象，依据问题的具体提出者进行排序

解决问题的过程中，先明确“如何发现的问题”很重要，而发现问题的途径，有解决“第三者提出的问题”或解决“自己发现的问题”这两种情况。

我们以职场中的业务为例来思考这一问题：在职场中展开的活动，很多情况下都有特定的对象，也就是说，眼下进行的工作是为谁而做的。

此时，在思考问题时便不能以自我为中心，更有效的方法是站在业务对象的角度进行考虑，只有这样，才能更好地展开工作。工作过程中，若能预料到业务对象很可能会有种种要求，比如：

“不想将太多时间用在等待上，希望可以更快看到成果；”

“非常反感对方弄错自己的需求到底是什么；”

“希望对方能够在细节方面表现得更仔细、更谨慎；”

……

对于这些对方未说出、但希望你做到的要求，你应检查眼下的现状是什么。

问题之所以产生，就是因为实际状态并未达到“愿望”，而“愿望”与“实际状态”之间的差别就是“问题”。这样的话，解决问题时，就不能仅从自己的角度出来，而要从自己的具体服务对象角度来考虑——这样不仅有助于发现问题，同时更方便在后期进行问题解决顺序的排列。

• 判断优先级是解决问题时必须要考虑的重点

有时候，即便发现了问题，也对问题进行了系统化的思考，对问题所涉及的种种元素进行了澄清，但我们中的很多人依然无法解决问题，因为他们忽略了一个重要因素，即对问题优先级别做出设定。

在发现了很多问题的时候，要如何从众多问题中确定哪些问题应该被优先解决？这就需要我们明确下述概念：

——并不是什么问题都需要立即解决；

——你所设想的解决问题顺序，或许与你的客户要求的顺序并不一致；

——人的精力与企业/团队的资源都是有限的，我们有必要将问题排出个先后顺序；

——有些问题，即使不去解决，随着时间的推移也会自动消失，但有些问题越拖延不去解决，问题就会变得越严重；

——有些问题看起来好像同样重要，但必须要将他们进行优先级别的排序，唯有如此，解决问题的行动计划才会清晰、明了；

——有些问题并不比其他问题重要，但因为有完成时间上的要求，因此必须尽快处理。

由此来看，所有问题的排序都需要以事实信息为依据，而不是以主观观念为依据。

但很多人不擅长利用优先级的排序方法，他们很容易就会被一些复杂的文字概念迷惑，有时候还会被主观感觉左右，这也是这些人为什么在思考问题时表现出了缺乏逻辑与主次不分的关键原因。

• 三步骤初步判断问题的优先顺序

表面上来看，列出来的问题每一个都那么需要解决，而且总是怀着“一个也不能少”的态度去解决——这可不是职业化的解决问题态度。这也是元问题解决者在看待问题时的一个基本态度：首先不将自己视为救世主——问题永远不可能一次性全部解决，而且，把那些影响你的文字转化成数字，并进行排序以后，事情就会变得简单很多。

我是这样做的：对于列出的问题，按着图4-6中的三个步骤进行考虑：

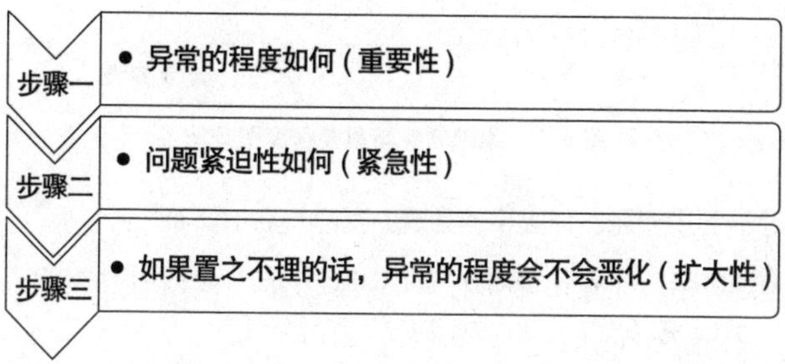

图 4-6　问题解决优先步骤

然后，再决定它们的优先顺序。

• 使用“四分法”，界定问题的紧急与重要性

按着问题的重要性、紧急性与扩大性，我们可以将问题分为图4-7中四类。在四类问题中，我们各举了两个问题实例，而A类与B类属于关键问题，C类与D类则不属于关键问题。

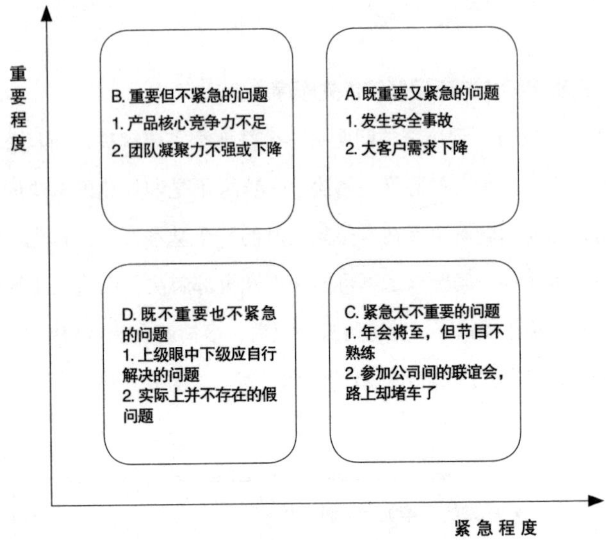

图 4–7　事情紧急与重要程度四分法

对于上述问题，你提出的处理意见也应各有不同：

A类问题：应提出要如何尽快调动资源，如何引发组织上下注意，以尽快解决问题；

B类问题：也需要重视，但不必急于求成，可与同事们反复讨论；

C类问题：提出加班、替代类解决方案，因为此类问题不及时解决，可能会产生一定的负面影响，不过，你也应意识到，即使受困于时间、精力，导致问题解决不了，也不必太过担心，因为它们所造成的损失极其有限；

D类问题：提出“抓大放小”类意见，比如，对于上级眼中看来应该是下属自行解决类问题，如果你解决不了，便应向上司提出“为什么管理者必须要重视起来该问题”一类的建议，以引发上司的关注，从而为自己赢得解决问题的资源。

当你能够通过思考，将问题排出了解决的先后顺序，你才能抓住问题的重点展开具体的分析，这样做，不仅使工作任务得到了简化，而且还可以大大提升个人或团队的工作效率。

6. 复盘，确定最有可能成功的问题走向

“复盘”一词源于股市，原本是指操盘手在股市收盘后，再静态地看一遍当日的市场全貌，从而发现一些自己动态盯盘时来不及观察与总结的情况。

将这一概念运用于思考过程中，即先将自己眼下遇到的问题暂时地放一放，静态地回顾一下往日做过的、与产生该问题的情境相近的时刻：那时，项目的全貌是怎样的？你的思考过程是怎样展开的？遇到了什么样的问题？最终是如何解决的？从而发现一些对解决当下问题有帮助的经验。

说实话，我很早就知道复盘的好处，可是，真正体会到它的好处却是在一次指导团队的过程中。

当时，团队的某项工作走到了某个瓶颈阶段。为了突破当时的难关，我向团队提议来一次工作复盘，将过去一年多中相似的项目的工作全过程一一展示出来，看有哪些好的经验可以借鉴到该次项目中，有哪些问题一直被忽略，而这一次可以解决的，有哪些环节是可以优化或是暂时搁置的。

结果令人惊喜：很多过去在做的过程中未能观察到的细节与问题一一浮现出来，团队成员惊讶地发现，原来过往曾经积攒过这样多的

经验，而当下的项目其实也有很多可供努力与提升的空间。在接下来的步骤中，我们将这次复盘观察总结到的问题一一解决到位，最终顺利地拿下了项目。

除此以外，我与团队成员的工作能力与工作态度也得以“更上一层楼”：前段时间还因为问题而大大受挫的团队士气，立即如同回血一般。

如果你也在工作中遇到了暂时陷入泥潭的问题，那么你也可以复盘一下过往的经验。不过，在开始以前，你需要先搞清楚复盘的正确打开方式。

• 搞清楚“复盘”与“总结”的不同

在复盘的过程中，曾有团队成员问我复盘与总结有什么区别。

在我看来，总结仅仅是对某一项目完成的结果、目标进行对比分析，然后得出结论：是否存在没有完成的目标？没有完成目标的原因是什么？

复盘则不同，它是对整个项目从开始到结束的全面回顾。在复盘过程中，不管是准备过程、执行过程还是结果总结，都要在脑海中一一重新经历一遍。也只有这样，每一个阶段都不落下，才能斟酌出某个环节进展不顺利的原因到底是什么，以及哪些环节在下一次经历同样情境时还可以再运用或再优化。

也就是说，复盘所关注的是过程与结果，它比总结更全面，因此可以观察到的问题，可以总结出来的经验也会更多、更全面。

举例来说，我们团队在去年参加了一次产品展销会，在参展过程中，因为团队准备不足而犯下了多个低级错误，不过，最终顺利完成了既定目标。

在该项目中，若仅仅关注结果，这似乎是一次圆满的活动。但是，若既关注结果又想提升过程，我们就需要在后期将那些低级错误一一记录下来，并总结相关经验，以供日后再有类似展会时避免犯同类错误，因为若不发生这些低级错误，展会的效果会更好。

这便是复盘与总结的差异。

举个例子，某公司八月份在深圳参加了一个展会，在参展过程中，他们由于准备不足，犯了多个低级错误，但最后仍顺利完成了既定目标。如果只是关注结果的话，这似乎是一次圆满的活动。但是如果关注过程和结果，他们就会把那些低级错误一一记录下来，避免以后再犯。因为如果不发生那些低级错误的话也许效果会更好。

• 用“回顾”展开复盘

回顾的具体含义是回顾当下事项的目标，以及预期的结果，然后提出问题。

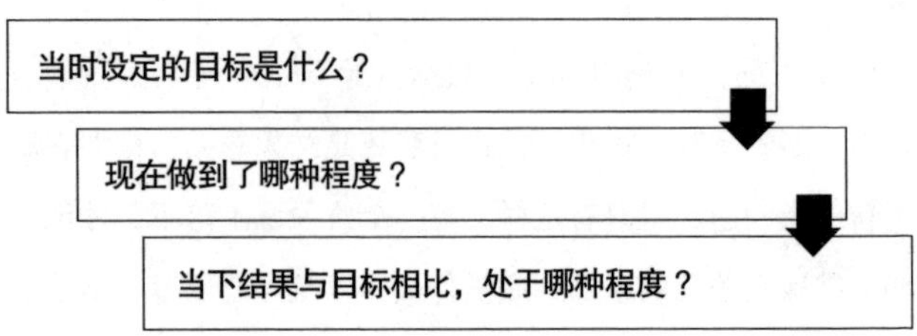

图 4–8　回顾的三个问题

通过图4–8所展示的三个问题，我们可以理清自己的思路，找到目标与现状之间的差距。

根据我个人的复盘实践来看，复盘过程中，感觉某一事项与预期有差别时，问问自己：理想的状态是什么样的？此时，便极有可能惊讶地发现，当初自己根本就没有定下一个明确的目标——这就意味着，整件事情很可能都是在凭感觉进行，而最终效果不理想自然也是情理之中的事。

比如，某公司曾开展团队新人导师项目，并召开了一个导师见面会。复盘时发现，整个活动氛围一般，根本未达到理想效果。但当公司提出问题："该导师见面会是为了达成什么样的目标？"大家都很迷茫，并发现当时并没有提出明确的目标——目标不清的情况下，自然结果不明。

当然，回顾了总目标和当下结果并找到差距以后，有时候还有必要对单一事项展开阶段性总结，从而找出关键阶段，以便通过关键阶段确定关键因素。

在复盘操作时，回顾部分可以借助填写表4-2来保证复盘的结构和流程。

表 4-2 复盘回顾表

回顾目标	评估当下情况
当初的目标是什么？（期待的结果）	达成的结果是什么？（实际的结果）
要达成的目标&里程碑	实际达成的目标&里程碑

• 坚持不断向自己提问

在复盘过往、对比当下时，我们很可能会出现这样的情况：只是对过程与结果进行平铺直叙，比如，去年与A客户签单了，但今天续单没有成功，下次需要继续努力……

可是，这种仅仅描述了做了什么的复盘没有任何意义，因为你不能从中发现对当下问题有意义的亮点与教训。

复盘的内容想要用于当下，就必须在回顾的过程中，不断地向自己提问，以挖掘更深层次的东西：

过去，我是如何说服A客户签单的？

这一次，出现了什么样的情况，导致A客户不愿续单？

哪些情况发生了变化？

有可能导致A客户不愿续单的原因是什么？

接下来是否有可能改变“未续单”这一事实？

其他同事是否有续单？他们是如何做到的？我是否可以借鉴或请教他们？

……

一系列的问题下来，你会发现自己许多没有做到位或者平日里忽略了的情况。当然，仅仅询问原因还不够，发现问题以后，你还需要继续追问自己：要如何解决当下的问题？接下来想要改善这一问题，要做些什么？

• 依据过往经验展开当下问题的主客观反思

反思即利用复盘找出过往的经验与不足，并分析经验与不足产生的主观客观原因是什么，同时对比当下的情况，以对当下问题的解决产生启发作用。

值得一提的是，对事项经验与不足的分析需要从主观、客观两个维度来进行分析，这里就涉及事项过程的可控性分析。简单来说：

事项中的主观过程往往是可控的；

事项中的过程基本上是不可控的；

可控部分不管是亮点还是不足，都能够成为当下同类问题可借鉴的经验；需要警惕的是不可控的部分——这部分内容，不管是成功还是失败，都不能作为当下问题的启发点，否则，非但不能解决问题，反而会导致新的问题出现。

在反思过程中，我们也同样可以通过填写类似于表4–3的表格，来保证复盘对于当下问题的启示作用。

表 4–3　复盘反思表

<table>
<tr><th>总结经验</th><th>要点分析</th></tr>
<tr><td rowspan="3"></td><td>主观因素</td></tr>
<tr><td></td></tr>
<tr><td>客观因素</td></tr>
<tr><td colspan="2">可用于当下问题的经验</td></tr>
<tr><th>总结教训</th><th>主要不足分析</th></tr>
<tr><td rowspan="2"></td><td>主观因素</td></tr>
<tr><td>客观因素</td></tr>
<tr><td colspan="2">在当下问题中需规避／改进的教训</td></tr>
</table>

最后，用纸笔将复盘的过程与观察到的问题一一记录下来——这些都是你面对当下的问题深化思考的过程，每隔一段时间便翻看一次，检视并提醒自己，那么你便可以在防患于未然的同时，做到发现问题时从容应对。

7. 从利益角度出发，在数据里找根源

当你站在元问题解决者的思考角度来思考问题时，“用数据当证据”是非常重要的一点。

一位员工曾临时被抽调参与公司管理者会议。在会上，他凭借着自己的感官印象，认为技术开发部所展示的某一样品，一定会深受消费者喜爱。可是，营销部主管却直接拿出数据来指出，这款产品生产成本极高，与它能带来的收益相比，根本划不来。

这位职场经验不足的员工据理力争，结果非但没有获得大家的认可，反而因无法拿出有效的证据来证明该产品的值得生产性，而成为大家口中“说话不过脑子”的典型代表。

我做管理这么多年，发现了一个普遍的现象，就是很多人在思考时对数据相当不感兴趣，哪怕是与利益相关的部分，他们也不喜欢利用数据来说话。这可能与数据的收集与分析都是一件苦差事有关。而不愿意用数据说话，就意味着做事凭经验、凭感觉，后者看上去信心满满，但要是他人认真起来，问一个为什么，往往一问三不知。

而那些懂得从利益角度分析问题，并能举证出真实数据的人，往往会给人留下两种印象：

业务精熟，基础工作扎实，注重收集、整理与分析大量数据；

聪明能干，善于从复杂数据里寻找关联、揭示出事物的本质，并能提出有效的解决问题建议。

这与数据的性质密切相关：数据本身就是一种可以告诉你已经发生了什么，或者即将要发生什么的信号，而我们在决定行事方向与方式时，往往就是依据于对信号的判断展开的：什么事可以做，什么时候做，以及应该采用什么样的方式来做。

• 数据 = 不可反驳的事实

可以说，没有数据，便没有完善的深度思考。

数据本身就是一种深化思考的证据与事实，它可以暴露问题，揭示事物的本质，改变原本的错误观点与习惯性的思维方式。

现实生活中，很多愚蠢的决策之所以会出现，关键就在于没有找出明确的利益相关，更没有搜索相关的数据，而是自己想当然。比如，你负责进行一个高档纸巾品牌的管理，一卷纸巾的实售价为50元，而生产成本为15元。为了提升销量，下属提出了两个方案：

方案A是降价20%，销量增加20%；

方法B是降价40%，销量增加80%。

仅从表面来看，降价40%，销量增加80%的B方案是最好的方案，但实际，这是一个最糟糕的方案：它不仅无益于“高端纸巾品牌”的形象维护，同时更使售价降低到了与成本相差无几的地步，这意味着，产品的盈利空间大大缩小。而相比之下，最好的方案反而是保持原价。

由此可见，薄利多销并不总是一个好的策略，这种策略在很多情况下的实施都是有条件的。

而在商业领域中，想把握事物的趋势以及具体的情况，如GDP、企业的销量、盈利情况等，数值的利用是必不可少的。尤其是在职场中牵涉到利益表达时更要添加数字，比如：

“这项事业想成功，必不可少的要素有三个。”

“在这些事业的市场开拓上，有必要对下述五大要素进行充实。”

“这项业务的广告宣传需要花费大约1000万的成本，而利润率预计会达到3000万元左右。”

……

这种使用数据的方式，不仅能够使自己的观点变得更明确，同时也能够呈现出自我思虑过程是完整而严谨的。

• 学会衡量“风险对报酬比”

如何立足于利益角度找数据，这需要你从衡量行为或项目的风险对报酬比开始。在股市中，了解投资中的风险对报酬比，是很多善于投资者长期获利的主因。

什么是风险对报酬比？假如有一只股票，眼下是100元，日后有机会上涨至130元，也有可能会下跌至80元，在这一过程中，亏损的风险即20元，上涨的报酬率即30元，风险对比报酬即2：3。

风险对比报酬 = 亏损的风险 ÷ 上涨的报酬

实际投资过程中，那些预估上涨跟下跌的价位只能当作参考值，并不可能完全准确，因此，学会风险对报酬比的概念，是帮助自己判断进场盈利的胜率是高还是低的关键。

以抽扑克牌来举例，若先抽出四张A的人获胜，而你眼前又有两副牌可以选择，一副是52张牌里面有四张A，另一副是26张牌还是有四张A，两副牌都会随机洗牌完才开始抽。让你选择，你自然会选择后面那副。

通常情况下，在设想阶段谈及利益时，我们往往会对自己有可能得到的利益抱持过度乐观的态度，但如果能够更全面一些审视风险对报酬比，便有机会看到潜在的危机，进而增加决策的理性。

- **展开数据敏感度分析**

在思考问题时，除了要考虑到风险对报酬比以外，自己在思考问题时，也应带着这样的问题意识："眼下这些是否可以分析得更细？"比如，出版社的编辑们在策划书籍时，便会针对主题设定最理想的销售额度。

如果设定了将要卖掉几万册的目标值，下一步就应该考虑怎样进行销售，并对此加以分解。这样一来就有了最开始的两周或最初的每一天的目标值，在图书真正面市后，销售部便能够考量实际的销量如何。

假设一周卖掉了一百册，那么买这本书的顾客中男女比例为何呢？该书的平均购买对象是哪些年龄层？在该年龄层占怎样的比率？

像这样，对于所有的事物，都尽可能地将对象以数字来分解，便能够使自身对该事物的了解进一步加深。

作为数据细分化的具体运用，在考虑新战略时，管理学中有一种名为sensibility analysis（敏感度分析）的方法，其具体操作如图4-9所示，这是对下述问题进行分析的一种具体方法。

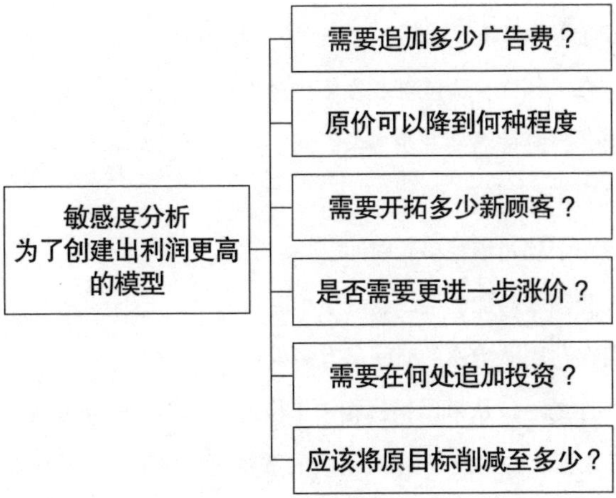

图 4-9　敏感度分析图

当涉及产品销售时，事先通过敏感度分析，用数字对销售额、原价、潜在顾客等大致的明细进行分解，能够帮助你更好地把握情况，同时还可以辅助你搞清楚此处数字与彼处数字之间的关联性，了解到这个数字进行这样的改动后将更加有效果，等等，从而制定出正确的策略。

• 养成记录重要数字的习惯

在数据里面找根源，意味着你手头必须要有很多可用的数据，而积累这些有用数据的最有效方法就是，在平日里就养成将重要数据记录下来的习惯。

最容易理解的例子就是减肥者记录体重变化与食物的卡路里，这也是很多健身书推荐的方法：你需要记录自己每天吃了多少东西，这些东西含多少卡路里，它们与自己变胖、变瘦有哪些具体联系。

我平日所做的记录则是把握与生产性相关的各种数字，比如，自己的工作方法和与之对应的具体数据等，根据这些数据，可以使自己明确很多有趣的事情，比如：

自己在工作中一天能够收发多少邮件？

写出一封邮件需要花费多长时间？

会收到多少回信？

完成一个项目需要多长时间？

每天必须要参加的会议有几个小时？

花费在与团队沟通的时间又有多少？

如果你是一位从事跟销售相关工作的人，则应格外留意自己所看到的销售数据，并将之与团队/组织的重要项目相结合，从而设定很多新的数字，比如，自己负责的每家销售店、每片区域、每个代理商应完成多少任务；或者，在新产品面市后，是否可以依据于过去类似产品的销售情况，预知新产品的销售情况。

按着这样的思维方式，立足于利益角度，对数字进行有效分析，在数据里找到根源，个人才能够站在元问题解决者的角度去全面地看待问题，并增强个人预测未来的可能性。

SIKAOZHISHENG

第五章

创新思维算法，提炼意想不到的见解

“算法”是数学与人工智能领域中的基础概念，在思维领域中同样存在算法。不同的思维算法，决定了解决问题的速度、视角皆有不同。创新思维算法，即通过观察外界及从他人的算法中汲取经验等多种渠道，反思如何才能获得更多观察事物的角度，如何才能获得更有创意的问题解决之道，从而提炼出意想不到的见解。

1. “有想法”最大的门槛是开始“想”

有想法是建立在拥有个人特色的观点上，特别是当你与他人的观点不同时，个人“有想法”的形象往往会在对比之中更凸显。相比之下，缺少想法的人只懂得按部就班地执行任务。一般说来，大多数的管理者都比较喜欢有想法的下属。

说一个招聘的故事：一个男孩面试，在“为什么选择我们公司”以及“如何说服客户去选择我们的产品”这两个问题上，显得层次分明、有条有理。

面对这样一个优秀的人才，自然要将之招进公司。

他入职以后，不断地优化自我工作范围内的各项流程，积极与客户沟通发现问题，并在会议上积极主动发表自己的想法。通过树立起“敢想敢做”的形象，他很快受到公司的重用，成为公司华北地区的销售主管。

在我看来，所有渴望获得认可的职场中人都应借鉴这位主管的晋升经验：只有当你的想法一次次地被肯定、被采纳时，你才会成为公司不可或缺之人。

现实生活中，很多人都将“有想法”想象得很难，他们认为口才不好、性格内向便无法建立起有想法的个人形象，但事实上，有想法只是一种遇事的思考方式，如果你想变得有想法，那么第一步要做的，就是让自己开始想，养成"想的习惯"

毕业于哈佛大学的美国作家查尔斯·杜希格指出，想养成习惯，就必须要重视图5-1中所示的习惯回路三大环节。

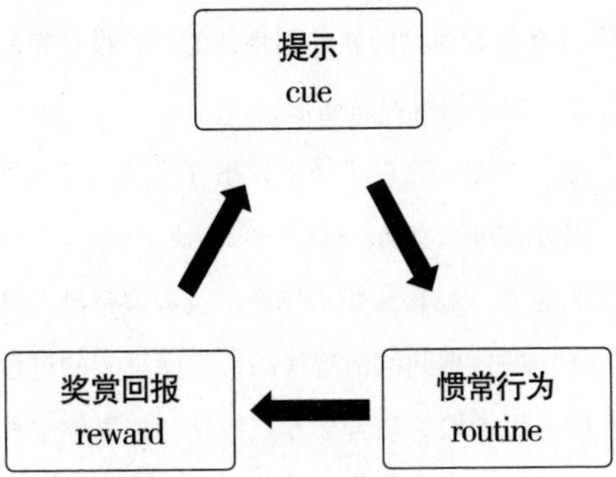

图 5-1　习惯回路的三大环节

难以养成习惯，往往是在习惯回路的三大环节出现了问题，比如，提示不明显、不清晰，惯常行为本身难度太高，奖赏又不明显。因此，想形成积极的思考习惯，必须从下述四个方面开始努力。

- **建立起更频繁、更有力、更明显的提示**

没有养成深入思考的习惯，往往是因为我们很容易轻易地接受一些信息，可却并没有深入地问一句"为什么"。

因此，你可以在生活的真实场景里加入一些提示，比如，在显示器旁贴个小纸条，提醒自己多问"为什么"，或者直接将手机桌面、锁屏界面、电脑屏幕换成与"深入思考"相关的图片。这样做，会形成更多频率、次数的提示，进而使自己逐渐形成对事情多问"为什么"的意识与提示。

• **降低常发行为的执行难度**

有很多人之所以会在养成习惯过程中放弃，就是因为他们产生了“坚持下去太难”的感觉。最典型的例子就是，很多人学习英语总会在“背单词”这一关失败，原因就在于，“背单词”的过程太枯燥、太乏味、太难坚持了。

相比之下，有些背单词的软件则将背的过程设计得轻松有趣，从而使背单词的过程变得相对容易起来。

在养成“想”的习惯这件事情上，想要降低思考难度，最好尽量先选一些自己相对熟知的领域，这样一来，难度就会降低很多。

比如，如果你本身就是文职工作者，且数理基础不佳，若总是去思考如何将工作中的数据归纳出规律的话，那思考的过程自然会变得异常痛苦，并极有可能因为痛苦放弃。但是，如果你选择去思考如何将眼下所用的表格、汇报性文件形成可套用的模板，思考的过程便会相对简单起来。

同时，你也可以想象自己的每日日程、工作与内容，并找出可改进之处。我喜欢按图5-2回顾自己的一天。

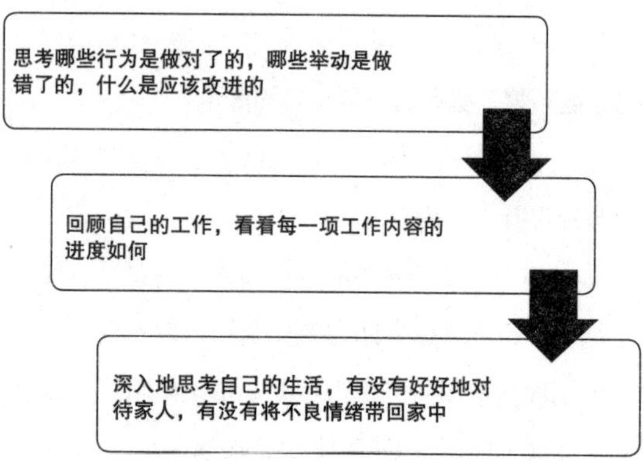

图 5-2　我的一天回顾三步骤

这是我可以在有限时间进行最多思考与改进的三步骤，若感觉有用，你也可以借鉴。

另一个有用的简单思考则是，从一句话日记开始，增加自己反思的概率。当然，你也可以选择在每一天结束时，花上几分钟反思这一天来养成“想”的习惯。写日记与反思可以明确思考的内容，而运用这一方法，你便有很大概率养成思考习惯。

选择相对熟悉、相对简单的领域，更容易获得深入思考的成果，形成正向反馈的概率会更高，而且也更容易坚持下来。

- **给自己可感知的清晰奖励**

深入思考或是积极去想的结果本身，一般并不能获得可感知的奖赏，但相比之下，将思考的过程与结果写下来，则是一个让思考成果更容易感知的过程：比起停留在大脑里的想法，将想法变成几行精炼的文字，本身就是一个可见的成果。

比如，你今天对一件工作有了新的思考与感悟，哪怕只是写下来，或是仅仅发到朋友圈，多多少少都会有一些朋友来点赞，甚至会有同好者来评论——这本身就是一种很好的心理奖励。

如果你能够更进一步，将自己思考、总结的内容更系统地写下来，发到自己的网页或者公众号上，让更多的人去阅读。在这种情况下，若有人认可而留言、转载，这其中所带来的成就感，本身就是非常好的奖励。

你也可以在平日里，给自己设计一定的思考奖励，比如，可以写出10篇500字左右的思考小文，便奖励自己去吃一次好吃的；可以利用“5W1H”等方法连续追问并解决工作中的实际问题，就送自己一份小礼物等——这种奖励对于个人往往可以形成有效的激励。

人的意志力并不是永远有效的，事实上，它就如同肌肉与力气一样，使用起来非常有限，并很快就会因为疲惫而消耗完，只有在思考习惯养成的过程中增加奖励，使自己从中尝到甜头，才容易养成深入思考的习惯。

当你能够从习惯回路的三环节入手，养成新的深度思考习惯，积极地开始从身边的小事思考时，你便已经开启了迈向深度思考的大门。

2. “舰队无法越过山岭”？反常识带来新思维

奥地利小说家斯蒂芬·茨威格在《拜占庭的陷落》中讲述过一个极有意思的故事。

攻城一方的强大舰队处于外海之中，无法施力。根据经验，舰船只能在水中航行，因此，他们的对手丝毫不担心这支舰队会对自己造成威胁。

可令人意外的是，舰队首领却利用圆木作为滑板，将船送上了山，并在对手毫无防备的情况下，将一整支舰队运过了山岭。当舰队出其不意地抵达内港时，守城一方不管是从意志还是在军纪上，都彻底崩溃了。

“舰队无法越过山岭”听起来像是一种常识，可在很多时候，常识往往会禁锢我们的思维，让我们无法形成新的、有创意的想法。

• 只遵循常识，便难以应对例外

出差在外的某公司老总心急火燎地给公司打电话，安排任务给自己的得力助手：“眼下公司在北京有项目优势，我们应该先将公司注册为供应商！详情我会在邮件里面告诉你……”

工作经验丰富且执行力极强的助手在看了上司的邮件后，立即制订了行动计划：

① 了解注册供应商的具体流程；

② 收集相关信息，准备资料，并列出所需要的文件清单与必经步骤；

③ 将文档发送给相关部门负责人，同时保持跟进；

④ 协同提交注册信息，并联系相关机构，询问审核结果；

⑤ 完成注册，向上司汇报。

有了详细的计划，自然要落实到行动。忙碌了一上午后，公司内部的相关负责人反馈了一个重要信息："我们公司好像早就注册过了……"于是，助手立即查询相关网站，并发现事实的确如此。

此刻，他自然崩溃无比：一上午的宝贵时间与精力就这样白白浪费了。

我们的工作中，也往往会发生这种因为"常识"而造成工作方向偏离的情况。在一般情况下，常识是有利于我们应用已经掌握的信息与方法迅速解决问题的，可是，在情境发生变化时，它却会妨碍我们采用新的方法，就如同该助手的经历一样：因为相信上司的判断是正确的，因此，未能想到"已注册"这一意外情况，进而导致工作方向的偏离。

• 建立意识，经验与常识有其局限所在

在该助手的思维中，上司安排自己去注册，且在邮件里有详细吩咐，基于对上司的信任，此次行动的目标自然认定为"为公司注册"，但这样一来，工作方向便已经发生偏离了。其实，我们在事后来看，该助手在收到命令后，最该做的第一件事，不是制订计划，而是先花费一分钟的时间，尝试着到相关网站上查询注册情况，而这样便避免了时间与精力的浪费，同时也将任务修正到了"寻找谁在保管已注册的相关账号信息”上。

我们在解决问题时，往往会犯这样的错误：由于某种现象在一定时期内周而复始，形成了某种可以判断的规律，于是，我们轻易地总结出了看似“可靠”的经验。在事情顺利或者成功的时候，这些经验或方法往往会迅速地融入我们的思维之中，转化成常识，形成思考上的惯性。

可事实上，就如同“上司的指令也会有错”一样，虽然很多事情都有周期性，可它们却并不一定具备普遍性。若一直使用线性思维方式思考，使用常识或经验来帮助自己完成判断，那么我们得到正确结果的概率便永远呈现为随机状态。

所以说，想要获得更可靠的认知，想要使自我思维永远有效而积极，我们就必须从封闭的常识与经验中走出来。

• 克服“空鸟笼效应”，万事先问自己“为什么”

在心理学上有“空鸟笼效应”一说：把一个漂亮的鸟笼挂在房间的显眼处，所有人会认为主人养了鸟儿，而主人也会忍受不了无休止解释与说明的压力，真的买一只鸟儿放在鸟笼里。

可在此之前，如果我们能够反问一下自己呢？“为什么这个鸟笼不能是个装饰品？”我们所熟悉的常识未必就是正确的，而且事情也不是总有一个固定的答案，对于任何一件事情，我们都应先想一下，是否还存在其他的可能性。

当你可以在判断以前先想一下“为什么”，甚至连续询问自己几个“为什么”时，便可以最大限度地避免思考陷入盲区，从而避免拘泥于常识。

因此，下一次遇到任何需要自己做出判断的问题时，你都应先按图5-3有意识地反问自己三个问题。

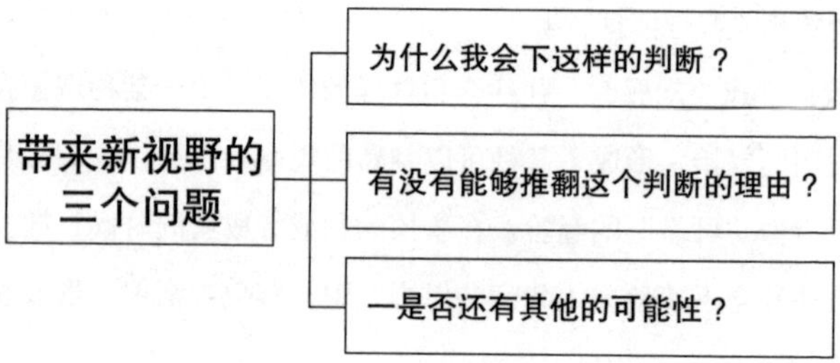

图 5–3　帮助你更有效做出判断的三大问题

• 先慢一步，再迈一步

让思维慢一步，是先克服思维带来的惯性；让思维再迈一步，是让想法超越过往积累下来的经验。

“慢一步”即如同开车降慢速度一样，让自己的大脑思绪暂时停下来，甚至是将大脑里的想法一一写到纸上，并审视一下：到底还有哪些因素没有考虑周全？是否还有其他的办法？

如果能够慢下来，前文提到的那位执行力极强的助手，就不会受困于“快速完成任务”，而是先观察到“注册是否完成”是一个极其重要的因素——“快速完成任务”，那是经验指给他的方向，而“观察注册是否完成”则是创新思维的结果。

而“迈一步”即跳出经验与常识共同组成的固有思维，使思维走出局限，让头脑中的新想法与现实碰撞出新的火花。

当你能够按着上述步骤来进行反常识思考时，你便会发现，自己对问题已经有了新的思路，对问题也已产生了新的见解。

3. 别主动给沟通“贴标签”

与他人的沟通往往是我们获得新知的重要渠道，不过，日常生活中，“贴标签”这件事情极其常见，而该现象的背后多是因为我们自身的固有偏见与刻板印象。

一次咨询活动中，一位读者向我提出了一个问题。

他直言，可能是因为自己还不够成熟，工作中有位大学本科毕业的同事，在合作时，他总是会忍不住对对方抱持偏见。

“我是211大学毕业的硕士生，可他却是普通本科生，虽然工作能力不错，但在我看来，他的学历决定了他的上限，因此，他提出的意见，我总不愿意听。可很多时候，我们的老板会采纳他提出的建议，而真正实践以后，我发现，他的建议真的有用。”

“哪怕意识到了这一点，下一次我们再交流意见时，我依然不能放下成见，虚心地听取他的意见。为什么？我要怎么做才能让自己放下这种偏见？”

如果你有空上网搜索题目关键词为“消除偏见、摘掉标签”的文章，它们中的大多数都会告诉你：不要轻易给人和事“贴标签”，要保持开放与平和之心，尝试着去换位思考，存在即合理，认识并接受了这一点，自然会接受不同的观点。

此类回答表面看有些道理，可实际操作过程中，并不具备多少的可行性。

仅拿给人“贴标签”这件事情来说，我们或多或少都知道，对方为什么会惹自己讨厌，比如，或是对方的成长环境造就了他的不良个性，又或是我们自身也存在类似的问题，而讨厌对方其实就是一种自我映射——你其实也并不喜欢表现出此类特征的自己……

可即使知道了这些原因，偏见在很多时候依然挥之不去。如何操作，才能帮助自己消除负面的偏见，使沟通走向平和，进而使自己能够从他人的言行中提炼出更具有可行性的见解？

我的最直接建议就是，学会去了解自证预言。

• 了解自证预言的逻辑

自证预言是由美国心理学家罗伯特·默顿提出的一种社会心理学现象，它指的是，我们对事、物所进行的先入为主的判断，不管是正确还是错误，都将或多或少地影响到人们的行为，以至于这一判断最后会真的实现。

你肯定也听过很多这样的心理学实验：让学生们做测试，随机分组的情况下，任意选取一组，告诉他们，他们的测试结果表明，他们拥有极高的智商，日后必将前途无量。

一个月以后再进行测试会发现，在进步程度上，这组学生的成绩与平日表现都要远高于其他组的学生。

这其实隶属于我们心理上的一种典型变化：当产生了一种心理预期时，我们的大脑便会对它所接收到的信号进行筛选，符合预期的便接收，不符合的便自动过滤，从而更容易强化相关行为，并使我们的行为与预期情况更加一致。

因此，这就是为什么你不该提前设定好与坏的原因——当你将一件事设定成了“无法改变”的定义后，你的大脑其实是很难再留意相关积极内容的，相反，它会寻找“无法解决”“不能被改变”一类的信号，以不断地佐证你的观点。

• 倾听意见前先消除负面偏见

在消除负面偏见、不再主动给人或事“贴标签”上，我们要如何运用这一理论？

拿人际关系来举例，我的办法是，拿出一张纸，按着下述步骤展开操作。

① 画一张表，在左侧第一列写下几个常常交往的同事的名字，名字清单应包括那些相处愉快而你对其抱持有偏见的同事；

② 第2列，列出你眼中他们的特点；

③ 第3列，列出你与他们的最常见互动方式；

④ 第4列，写出你们之间最常出现的沟通结果。

表5–1是我做这项练习时候的记录，人物用了代号。

表 5–1　我的人际沟通表

人物（昵称）	特点	互动方式	结果
A	强势、细节控	爱担心、防御心态重	不顺畅、不愉快
B	聪明、有悟性	愉悦、相互信任	沟通顺畅
C	踏实、周到	放松、坦白而诚恳	合作
D	勤恳、认真	放松，总是麻烦对方	靠谱
E	灵活、人精	开玩笑	轻松
F	自我、计划控	小心谨慎	敏感
G	聪明、懒惰	不断提醒对方	泄气、失望

接下来你要做的最重要一项内容就是，遮挡住前两列，直接看后

两列，便会得到表5-2中的内容：

表 5-2　人际沟通互动方式与结果

互动方式	结果
爱担心、防御心态重	不顺畅、不愉快
愉悦、相互信任	沟通顺畅
放松、坦白而诚恳	合作
放松，总是麻烦对方	靠谱
开玩笑	轻松
小心谨慎	敏感
不断提醒对方	泄气、失望

若只看“互动方式”与“结果”这两列，你便很容易发现：结果与互动方式其实形成了相互印证的走向，与对方的性格特点反而并没有太大的联系。

这就是沟通与倾听他人观点中的要点：若你想从他人的建议中甄选出有益的见解，但却事先抱有偏见并产生了防御心理，那么你很难从中得到积极的结果，而你“得不到有效建议”的现实又会反过来强化你们之间的互动方式，进而加深对对方的偏见。

相反，没有偏见的互动方式却往往愉快又轻松，沟通也更顺畅——这也正是为什么偏见很容易被印证的原因：当你认为对方不可靠时，对方若出现了一次看似不可靠的行为，你便会想当然地认为“看啊，我就知道他不可信”。

而当你认为对方可靠时，若对方出现了此类行为，你的想法则是：“只有这一次而已，他多半不是故意的。”

因为有偏见，所以不愿意信任对方，不愿意倾听对方的意见，而这种担心就会成为我们行为与想法的调整，可这种调整在某种程度上属于“贴标签”的进一步强化。

• 了解正确的“撕标签”方式

人的精力有限，我们可以调用的认知资源也是有限的，而“贴标签”其实是一种最基本的归纳演绎：

第一步，先归纳，从具有一定普遍性的事实出发，在某一事件与某一结果、某一群体与某一行为特征之间建立起联系，通过此类归纳，得出一个大前提。

第二步，再演绎，因为某事之前就是这样，这一事件的结果也可能是这样；某人属于这一群体，所以他也可能有这样的特征。

可这样的归纳演绎虽然能够帮助我们快速地认识世界，但简单的演绎往往会导致错误的判断：在没有充足的数据与证据支撑前提下展开过度的概念，往往会导致个人认知走向偏见。

而我们要做的，就是对自己的认知方式做出一些调整。就拿“理性听取他人建议，以获得新知”这一问题来说，我们需要对自己的行为做出一些调整。

最可行的操作方式是，从我们刚刚提及的表格中的第三列“互动方式”中入手：将“担心”变成“信任”，将“防御”变成“坦诚”，从“不断提醒”变成“放松应对”，再对比看一下，结果是否会有所变化。

一般性事务中，“贴标签”可以帮助我们快速地认知世界，否则，每遇到一个新鲜事物都需要从头学起，会造成认知资源的极大浪费。不过，当你要获得新的见解、创新自我思维时，你就有必要打破自己对他人、对事物的刻板印象，否则，刻板印象便会遮住你的双眼，让你既不能透过现象看到本质，也无法从他人的话语中提炼有效意见。

4. 对比最能产生新观点

很多人对思维创新存在着误解，在他们看来，思维创新主要是在一种孤立、独处的环境中生发出来的，这是一个人为的神话。的确，我们曾经不止一次地听闻过，小说家、剧作家们是如何与世隔绝地在偏远的林中小屋费尽心力地创造出一鸣惊人的畅销作品。然而，孤立、独处是培育创新力的唯一途径吗？

我们不妨来看一下曾获得过奥斯卡最佳编剧奖的罗恩·巴斯的情况。

罗恩·巴斯拥有一个包括研究者、作家在内的6人小组，他们一起为剧情提供创新。他们会对各种细节与琐事进行研究，更会通过集体讨论来钻研某一处情节是否合理。有时候，他们会花费两三天的时间进行马拉松式的钻研，甚至将对白一一念叨出来。最后，小组才会设计出相应的剧情与对白的基本框架（以创意界的行话来说，就是“雏形”）。

然后，巴斯才会一边用铅笔将剧情拟定，一边请自己的助手将其打印出来，并进一步将它传真给小组。他们再通过电话或传真，给出具体的回应。通常的情况是，若小组成员中有半数以上对某处情节有异议的话，该剧情就必须做出修改。

小组成员们会对各种小说进行浏览，以寻求可用的素材。其中，有两人处理大量来自工作室的、有关情节与性格方面的改动笔记。就如同当年爱迪生的“门洛帕克实验室”一般，巴斯与他的小组总是设法在同一时间段运作四五个项目。这种多样性给团队带来了不少的灵感，因为同时忙于不止一个项目，团队成员往往可以看出不同项目之间的联系，从而进行高度紧张的脑力活动也不致精疲力竭。

不少好莱坞著名剧作家对此颇不以为然，说巴斯与他的同事们是一个“工厂”——或许他们是正确的，因为这的确是一个创意工厂。

现在，巴斯的团队的创作成果比以往任何时候都要多，且他们共同创作出的作品质量远比一般团队高。迄今为止，他们已经一起创作出了16部电影，其中包括《雨人》《我最好朋友的婚礼》等。团队盈利已经超过20亿美元。显然，这一庞大的数字证明，在竞争激烈的电影市场中，罗恩·巴斯的做法是积极有效的。

动力和协作是巴斯小组的最大武器。巴斯无法想象，那些为了完成一部作品将自己锁在一间空房子里的作家们。在他看来，众人间的交流是获得创意的重要来源，而远离人群，其实就是关闭了创造性源泉。

听起来这样的做法好像并不靠谱，但美国耶鲁大学心理学研究团队在2012年的一项研究中证实：若你想要创新，那么最好不要一个人待在房间，应该与多人同行。在这项研究的资料中也提及了巴斯的团队式创作，同时，更讲到了爱因斯坦的相对论——你能想象吗？这么伟大的理论其实是爱因斯坦本人与另一位科学家对话产生的。

看起来“多人同行”的确会促进创意的提升，不过，很显然，多个人毫无秩序地组合在一起，不仅不利于创意的产生，反而会使个人思维陷入群体话题引发的混乱之中。如何才能在不同观点的对比之中真正地促进个人思维创新能力的提升？我们可以尝试以下方式。

• 召集小组

召集小组是指召集不同背景、不同领域、不同学科的人来讨论某一创意，这是激发创意火花的最有效方式之一。需要注意的是，在进行此类小组会议时，其形式应不拘一格，除了探索以外，不应预先设定任何目标。召集小组会议成功的关键就在于，抛开那种必须要获得某种结果的想法，只要保证讨论过程顺利即可。

假设你与一群背景各异的人坐在一起，要解决的创意挑战是为客户——一家汽车租赁公司——进行租车、还车流程的简化，那么召集小组后便需要明确，你并不是在向整个团队提出所面临的挑战，然后集思广益地加以解决，而是简单地讨论租车经历这一话题。

在讨论的过程中，你们可能会谈及汽车预订过程中出现的问题、流程中特定的瓶颈问题，以及顾客对某些环节的好恶等。由于在事前尽可能地要求“成员背景多样化”，因此，某些小组成员很可能从来没有租过汽车。也恰恰是因为自身未经历过，不会受到租车经历的影响，因此，他们也没有任何偏见，思考问题的角度会与那些经常租车旅行的人完全不同。而且，由于从事工作不同，个人喜好也会呈现不同：艺术家或许会有这样的喜好，而公司中层管理人员则可能有截然不同的喜好。

抛开结果，多多准备一些零食与纸，使大家自由地讨论你们所共同面临的创意挑战，并记下交谈过程中出现的所有创意火花，小组会谈便会有收获。

• 抛球游戏

如同玩游戏一般，让所有人围成一圈坐下来——只留下一人记笔记。

将一只玩具足球随机扔给一名小组成员，拿到球的成员必须大声地说明可以为客户提供更好、更新服务的创意。需要注意的是，拿到球的人必须说出不超过一句话的创意——不留给此人思考、分析或者考虑措辞的时间。

每一个人都应该不假思索地让创新力自由发挥，这种快节奏的练习可以创造一种去除了障碍与恐惧因素的环境。

与同伴们在一起时，拿出15分钟去自由发挥创意。有些创意可能很疯狂，有些创意可能很愚蠢，也有些创意可能会令人惊叹。当大家逐渐地习惯了这种节奏，放松了戒备以后，完美的创意便可以自然呈现出来。

只要你的同伴支持，展开这种活动一段时间以后你便会发现，单是这种练习便能够产生足够多、足够好的创意。

• 进行“挑衅”

挑衅法是一种能够有效激发多人创意的工具。这种工具可以打破既定模式、发现非传统的创意。

首先，你应针对本专业领域提出一个带有挑衅（多半很愚蠢）的观点，比如，一位汽车设计师可以提出：“车子并不需要轮子就能前进。”然后，讨论一下这种观点的细节，发动你的团队开展一场热烈的讨论。

你们可以从分析这种观点的后果做起，这里有一个例子：去掉轮子以后，车子如何能更好地前进？这样做的好处是什么？什么特殊的情况可以让这种做法变得有道理起来？想要让这种做法起效，需要出现什么样的实际情况？若一系列的事件发生变化，又会出现怎样的情况？

这里的目标是产生火花，而非得出成熟的创意或解决方案。挑衅法能够帮助大家从完全不同的视角审视面临的问题。那些看似荒谬的观点可能会很快融入小组的最佳创意，因此，不妨将这种做法当成是独到见解的孵化器。

需要注意的是，在运用多种方式刺激多人创意的过程中，个人应将此方法当成是创新个人思维算法的一种渠道，其本意是为了在不同观点的对比之中，将自己的想法与他人的想法形成碰撞，从而使自己产生更具有创新性的想法。那种在意见对比之中，选择听取他人的意见，而遗忘自己的观点本意何在的行为，是不能提炼出新见解的，更不可能对个人思维算法有什么帮助。

5. 从其他领域获得意外启发

发明、发现常常源于不经意间的、失败的事件或者实验——大量有关创新的事实告诉我们，创新不会从统一的大型计划中产生，但是却往往会从意料以外的事情中萌芽。不管是科学试验还是商业性的创新发明，偶尔间产生的事情很可能会成为不期而遇、带来巨大收益的灵感。

几年前，运动护目镜多是针对高山滑雪而设计的，摩托车越野赛的骑手，在通过一段崎岖、泥泞的路段时，需要尽他们所能保护好自己的护目镜，因为被车子激起的泥水很快会在镜片上结块。这使这些必须专心于赛道情况的骑手们不得不多携带几个滑雪护目镜——六个已经是常态。

在比赛中，骑手们不仅要小心驾驶，更要开足马力全力冲刺，以避免在疏忽间被对手超越。紧张的赛程中，还要关注自己的护目镜情况。一旦护目镜上落上了泥块，他们便要腾出手来，一层层地将镜片上的泥块剥离，才能够看得清路面——这使他们的工作量大大增加，同时也使很多骑手因此而陷入危险驾驶的境地。

美国史密斯运动光学器件公司意识到，这是一个对传统护目镜进行改变的好时机。他们从35毫米的胶卷中获得了启发，创造了一种清晰的“卷”式护目镜：只要拉动一下卷带，护目镜便会变得清晰起来。

这种新式的卷式护目镜拥有足够清晰的卷带，可以满足摩托车骑手在整个赛程中的需要。

这又是一个从意料之外、行业以外的事情中获得灵感，来开启思维创新、获得成功的故事。

我们要如何利用这种“不期而遇”的创新现象？最简单的办法就是从处理意料之外的事情着手，对来自组织内部与外部的、令人惊奇的事物都保持开放心态。在进行项目时，不如试着让自己保持一种谦虚的心态，并保持着“答案可能来自最意料不到的地方”这样的理念。这可以称之为“异花授粉”技巧。

• 接受“异花授粉”的积极之处

“异花授粉”往往是获得更优良植物品种的好办法，其实，在解决问题的过程中也同样如此。带着“异花授粉可能会有助于打开新思路”这样的设想去面对问题，思路便会产生创造性的飞跃。

如图5–4所示，异花授粉包括主动面和被动面。

图 5–4　异花授粉的主动与被动面

如果你期望通过“异花授粉”来培养自我创新意识的话，可以尝试着从以下方式着手展开。

• 尝试着自己做导演

一位电影导演往往需要有操控全局的能力，如果你能试试用电影导演的眼光来看待世界的话，你也可以变得如电影导演一样既有创意，又有操控能力。

记得将自己的世界变成拍摄场地，观察人们是如何完成一个动作的，哪怕最小的细微动作也不要放过，比如，给车胎充气、放风筝，或者运东西去海滩。注意这些原本你并不在意的事情，对开阔你的视野、获得灵感大有帮助。

• 订阅不同的杂志，进行上网冲浪

在闲暇时间里，你可以多多地浏览杂志与书籍，并且多让自己从网络中看一些不同的信息，欧文将此称为“观念上的涉猎”。针对这种涉猎，范围越广越好。

此外，你也可以选择在自己常逛的书店走一走，看看那些平时自己不上心的书籍，单单扫视一下标题与封面，或许就能使你对趋势有更多了解。

• 保持空间的开放

定期将自己的工作场所开放，将公司中的规定尽可能广泛地传播。在外来参观者到来时，展示一些粗制的模型，或者一个贴切的告示牌，记述你正在进行的工作。记得随意一些，不要太正式，展示相片、草图或者一些工作的简单图解也不错。

如果你能够将这一切配上一些小零食，让人们开口讨论，更能学到一些新的东西。

• 改变身份

某家电传感器系统公司曾经是欧文的团队的客户之一，他们为盲人提供阅读机器。在为这一公司提供服务之前，欧文的团队成员被带到他们自己的屋子里，蒙上眼睛，并被要求做一个花生酱与果冻三明治。

很显然，这些人不得不难受地摸索，有些人找不到面包，有些人找不到罐子，在面包上涂抹花生酱更是困难——这使他们对于盲人在现实生活中遇到的困难有了更切实的体会。

创意刚刚萌芽时，就如同刚穿上一双新鞋，要有一个适应的阶段。聪明人可以预见问题、把握机遇，而大多数人却往往陷入因创意而萌发的种种问题泥潭中无法自拔。

优秀的产品与服务一定有一些值得称道的地方，我们应设法将这个道理讲出来。欧文的团队经常会设计一些人物角色来充当新产品的使用者，他们为他编织一些故事，对他们的个人特点进行一番描述，给他们起名字，让他们处于家庭生活中，并采用行业术语来讲这些故事。下一次，当你要开发一个新项目时，不妨采用这种虚构的人物角色模式，这会使你的思路极大地扩宽。

• 展开交叉训练

一些运动员为了提升他们在某一运动项目上的成绩，往往会从事许多其他的运动项目训练，这会使他们的整体能力得到提升。创意人员也应跨越行业界限，尝试一下其他领域中的项目开发。不同的领域中往往有一些特定的解决问题的方法，而这些方法对于创意人员而言，不仅是一种创意启发，同时也更有可能是找到灵感、解决问题的关键点。

我们必须要承认的是，我们并非无所不知。意外总是会发生，在思考问题的过程中，让自己对未知与意外存有几分敬畏之心，便极有可能获得灵感，打开解决问题的思路。

6. 找到对方的真实想法

你不得不承认，哪怕你眼下的职务再高，你也是有客户的：他们或许是你的上司，或许是你的生意伙伴，当然，更有可能是某个你需要与之合作才能让项目有所进展的同事。而在这一过程中，找到对方的真正想法，往往是你创新思维算法、走出问题困惑的关键。

我需要提醒你的是，在任何时候，都不要和你的客户内心的期望对着干——你必须要知道你的客户内心对这一问题的真实期待，洞悉其隐藏在心底的真正想法，这是在“问题”与“现实”之间形成纽带的最有力法宝，同时也是使你的思维获得新见解的基础所在。

可口可乐便曾经因轻信消费者的一面之词而导致大量客户流失。

当时，面对市场份额被新起之秀百事可乐蚕食的现实，可口可乐决定推出一种全新口味的可乐。为了了解这一可乐是否拥有可行性，公司调动了上千名调查人员走访了多达十几个城市，调查了消费者是否愿意接受可口可乐改变口味。

在可口可乐公司推出的调查问卷中有这样两个重要问题：“在可口可乐的老配方中，将增加一种新的成分，它会使可乐喝起来更柔和，你愿意吗？”“你是否想尝试一下新饮料？”调查结果显示，其中一半以上的人对这两个问题回答的是“是”——这就表示顾客们愿意尝试一下新口味的可口可乐。

基于这一调查，可口可乐公司决定全线生产新可乐，并停止了生产传统的可口可乐——此举却造成了轩然大波：一些忠诚于传统可口可乐的人们开始组织游行，号召大家抵制新可乐，重新还原传统而正宗的可口可乐生产线与销售。这一问题甚至上升到了“国家”层面：大部分美国民众心目中，唯有可口可乐最能代表美国。

大部分人改变了自己的态度，新可乐的销量持续低迷，而公众的抗议却愈演愈烈。最终，可口可乐公司不得不恢复传统配方的生产。

这就是基于消费者回答的调查问卷所引发的创新灾难。此事所验证的，是问题的解决与创新过程中常出现的问题：人们很可能表现出心口不一的情况，而身为问题解决者的你如果想要彻底解决问题，就必须要留意，自己要怎样做，才能从客户意见中获得真知。

• 获得真知需要你具备洞察力

在尝试思考的过程中，洞察力并不是一个新概念：这个最初出现在营销领域、市场研究领域中的名词，指的是如何挖掘出潜藏于消费者行为底下最隐晦难解的需求与渴望——在思考问题过程中，我们的想法最终要归于行动，而行动是否能够成功，就需要我们去全面审视：自己想出来的问题解决之道，与目标客户的想法是否一致。

可口可乐的失败为我们提供了一个案例：大部分人对“了解目标客户”的想象都过于单一，他们都太过高估客户所提供的表面意见，而严重低估了“洞察”的重要性。有时候，客户的表面意见只是证明了我们原本的预设，而意见背后的真相才是能够发现未知的现象。

欠缺洞察的能力，往往是因为我们常常将客户的行为或想法想得过于理想。举例来说，当企业在推出科技产品时，常常锁定青少年为主要消费群，因为按“常识”，青少年是最典型的新科技采用人群，但如果看看带起微博风潮的Twitter便可以发现，事实恰恰相反：根据哈佛出色企业产品调研室的统计显示，青少年只占了Twitter使用者的10%，真正带起Twitter流量的是三十岁左右的成年人。

成功的客户洞察，就是别将这个世界想得太理所当然，让思维跳出框框，借助于各方的声音，却又不被成见所限，才能为新见解、新想法找到更好的落地机会。

• 了解目标客户背后的诱因

对问题进行思考、探索的过程中，我们往往很容易获得有关客户行为以及客户最终选择的相关数据或事实，但是，“为什么他们对之前的动作不满”依然是悬而未决的问题。比如，你提供了一项有关产品的改动建议，但你的老板毫不犹豫地打回了。

想要找出你的老板拒绝背后的诱因，你就必须尝试询问自己相关的意见。第一手研究是很多创意人员在创新过程中都会使用的策略，它可以帮助他们了解目标客户的倾向。在现实思考过程中，我们也可以采用第一手研究来直接收集目标客户的反馈——不管你提供的是具体的产品，还是一项建议，你都可以运用第一手研究来找到引发你老板认同的关键因素。

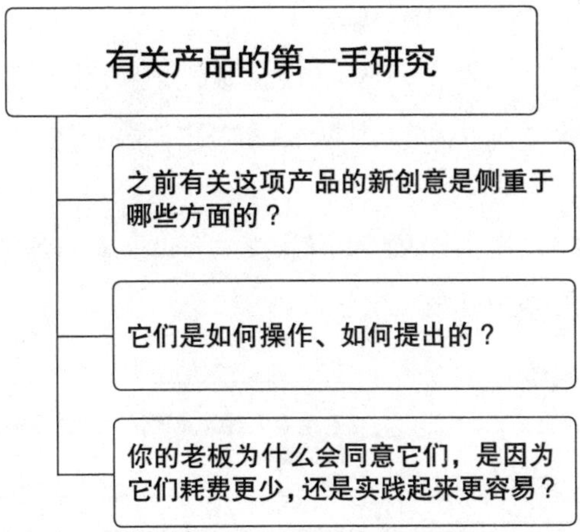

图 5-5　第一手研究必问的三个问题

按着图5-5中的建议，多去调查与这项产品相关的内容，了解之前的建议是如何被接受、因何被接受的，并因此而不断地获得更多有关该产品与目标客户的新知，你便更有机会实现下一个重要目标——客户洞察。

• 实现客户洞察

美国创新大师艾萨克·布柯曼曾经为包括微软、三星与通用等多家全球知名企业辅导过新项目，而他在创新思维算法时，列举了自己与同事对“客户洞察”的不同定义。

“我想它应该是一个‘能形成制胜策略的新鲜理解’。”

“洞察其实是一些早已在市场上出现且你已经见过的东西，只是你会在某一瞬间突然发现，某物是如此重要。”

“它是大部分人忽略的事实。”

“它是对客户态度、信念与行为的一个新鲜理解，可为深入思考与新创意的产生确定极好的机会。”

“它是对人性的深入了解，有助于达成创意的目标。”

“洞察是深入表面的，是深入了解事物背后的真相，从而创造出灵感。”

综合艾萨克先生与他的同事们的看法可以得知，客户洞察其实就是图5–6所展示的一个概念。

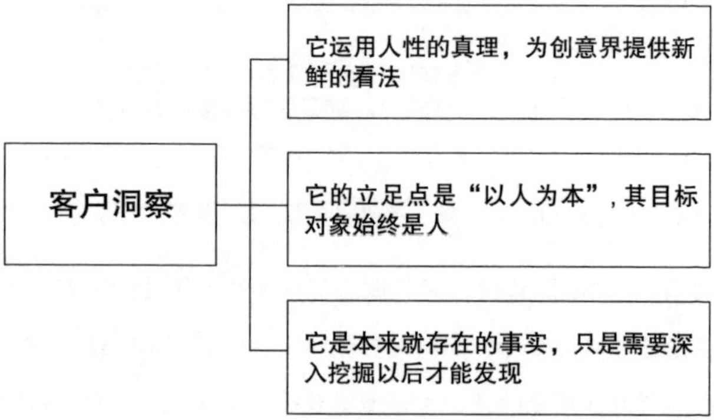

图 5–6　客户洞察的概念图

不过，这样看上去，客户洞察还是一个较为虚幻的概念，如何从现实生活中探知它的存在？这就需要我们通过有效的询问来判断。

这是艾萨克先生提供的一个快速测试：当你在思考问题的过程中发现图5–7中的条件全部被满足时，你便可以确定自己找到了好的洞察点！

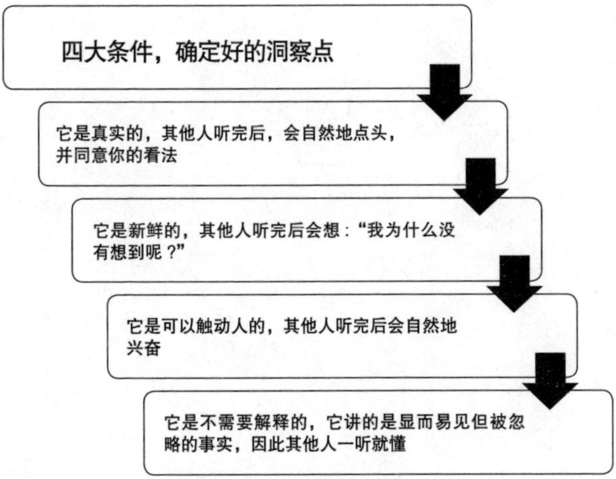

图 5–7　优秀洞察点的确定条件图

当你能够依据上述询问确定客户洞察点时，你便更有可能获得与众不同的新知。

我们有必要再回顾一下客户的重要性。问题是否被解决，在很大程度上是客户是否认可你的想法所决定的。从这一层面上来说，你提出的创意是否有机会被实践，目标客户是否认可才是关键。但多数的上司、合作伙伴甚至是同事都会"言非所意，意非所言"，你只有真正地洞察其行为与意见背后的真实想法与需求，才能真正地把握其心智资源，进而提升想法被其认可、接受的概率。

SIKAOZHISHENG

第六章

用意识流强化“你”的意见

人的思维活动是一条连续不断、包括了多层次思想的“流”，这种意识流如同一条流动的小河，让人无法忽视。因为个人操作方式的错误，很多人都不懂得如何形成有效的个人意识流。解决这一问题的关键在于，平日里要通过阅读、有效组合观点等多种方法，来丰富与强化个人意识流。

1. 让所见所闻滋养个人想法

我们处于一个观点输出的时代，不管你是在刷微信、微博，还是在逛论坛、阅读，抑或是在听音频、看视频，你都是在听取他人的观点。不过，在深化个人思考方面，光听他人的观点是没有用的，你还必须懂得如何用他人的观点或方法强化自我想法的输出。

我曾经收到一位读者的来信，来信内容如下：

> 作为一个努力上进的二线城市小青年，每天，我都在重复如下事情：
>
> 开车上下班的时候，我会戴着蓝牙耳机听APP里的音频，时长大约是25分钟；
>
> 中午休息的一个半小时里，我会努力翻看最新的微博与微信文章，连吃饭时间都是挤出来的；
>
> 晚上下班回到家里，处理完积累了一天的杂事后，还会正常看书两个小时左右。
>
> 日子一天天地度过，表面上来看，我在不间断地输入各种不同的观点与知识，可是，在个人观点形成方面，我毫无进展。

我在想，自己学习的、听到的一切是否有用，由此陷入迷茫。

这位读者的来信描述的是现实生活中的一种真实存在：我们不断地输入他人的观点，但却无法有效地产出自己的意见。

为什么你的耳朵听到了、眼睛看到了，就是无法传达出来？关键就在于，你并未搞清楚什么是正确的“意识流转化”方法。

• 你为什么要输出观点？

当你做任何事情时，首先必须考虑一个问题：自己为什么要干这个。

如果你想表达自己的观点，那么，你务必明确表6–1中的内容。

表 6–1　输出观点前，先思考六个问题

· 你是为了改变他人的行为吗？
· 你为什么要改变他人的行为？
· 你希望他人如何行为？
· 为了达成这一目的，你需要表达出怎样的观点？
· 受众的思维是怎样的？
· 你要采用哪种媒介？你要使用哪种形式来传达？

想做到更好地传达，你需要将这些问题先理清、搞明白，否则，你就没有办法做到对症下药，写出来或者说出来的东西也将毫无用处。而一旦你理清了这些问题，你就知道自己的目的是什么，那么再展开观点的整理便会因为有了目的而简单起来。

- **对他人的观点展开反思**

在接触到一个新观点时，你未必都会有“输出”的想法，更不会想要将之运用，以强化个人意见。这与个人认知模式相关，著名美国心理学家罗伯特·B·西奥迪尼提出过这样一个观点：人就如同录音机一样，一按按钮就播放。

如果反思我们日常生活中的场景就会发现，我们的大脑的确如同录音机：只要出现了相似的场景，我们的大脑就会自动地按下某个按钮，不假思索地采取相似的行动。比如，你一向认为“天空是蓝色的”，但如果有人突然告诉你，“天空是灰色的”，你的大脑一定会认为这一观点是错误的，但事实上，在雾霾天里，天空的确是灰色的。

这也是他人观点刺激个人意见形成的一个具体过程：我们通过倾听他人的想法，联想与联结自己的生活经历与经验，重新认识与审视自我过往，进而使自己分散的生活经验展开重新组织，从而产生新的认知。

而要做到这一点，就要多询问自己表6–2中的三个问题。

表 6–2 促进反思的三问

· 过去我遇到过类似的事情吗?
· 我听到过有其他人持有类似的观点，或者相反的观点吗?
· 有什么相关的方法可以应用到此类事情之中吗?

坚持这样做，他人的观点与想法便会成为你个人意见的滋养源泉。

- **回顾你的情绪变化**

在用所见所闻强化个人意见的过程中，我认为每个人都应做到这样一件事，那就是一定要记录下自己的情绪与思考的过程，而不是仅仅记录自己看到、听到的结果。

这一点极其重要，这也是我在坚持个人意识流塑造的过程中发现的要点：只有将思考过程甚至是身体反应，与当时发生的事情结合起来进行记录，再回过头来看时，才会产生更多的启发与触动。

比如，你在与同事交流的过程中，听到的是他对你意见的反对，但如果在与之沟通后，你能够将整个沟通过程中令你生气甚至是愤怒的点记下来，那么你就有更多从表面冲突看到背后原因的可能性。与此同时，你还可以按着图6–1所示，形成一个完整的思考过程。

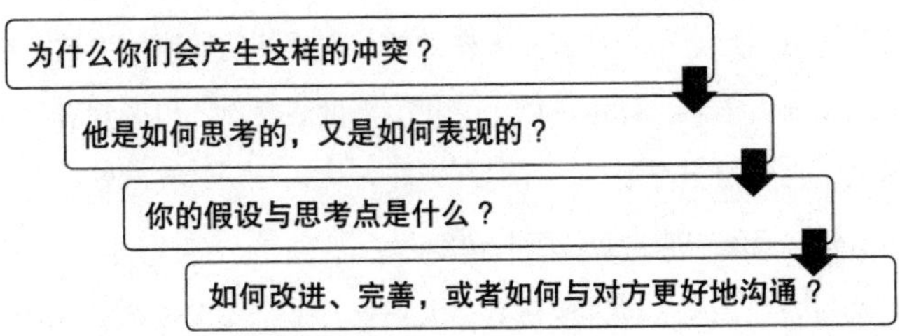

图 6–1　冲突诞生新观点的具体思考过程

坚持这样的练习，你就可以见微知著，逐渐地提升对他人观点的接受、对个人意见的完善力。

• 明确你的主张与中心意见

你接收到他人的观点，未必总是会有转述或传达的欲望，但如果某事中有能够打动你的环节，事情便会变得不一样起来：不管是读到一篇文章，听到一首歌，还是看到一部电影，真正打动我们的，莫过于自己体会最深刻的那部分，而该契合点往往会让我们的观点与所见所闻的产生联系，进而有表述的欲望。

我们所见所闻的人、物、事中，总会有主要人物与最重要的情节，或者最重要的意思，它们往往会在客观上主导着全局的发展，在主观上留给我们最深刻的印象。而这个最深刻的印象，就是我们表述与传达过程中的主干：表述时，以此为中心，串联起其他内容，这样，不仅能够给他人一个明晰的轮廓，也可以增强自己述说的兴趣。

在这种表述过程中，你往往会不可避免地加入自己的主观评判。你要详细说明哪一点，简略说明哪些，都要以该内容是否能够证明你的见解、评判为支点来展开合理的取舍，以便让人听了以后，可以了解你对某人、某事、某物的具体看法与态度。

如果你要表述的是自己参与其中的场景，则需要在前期练习以“我”为观察点，至于他人是怎样做的，表现如何，则需要放在次要的附属层面。当然，你也可以用“我”来做观察点，以旁观者的心态与眼光，去统摄整个场景。此时，“我看到……”“我感觉……”一类的语句，最能表明自我位置与角度。

通过自己所见、所闻来滋养个人意见，是个人发现新知、验证是否掌握新知的关键。从本质上来说，这是一种通过“输入”倒逼“输出”的过程：你从日常生活、他人经历或是书籍案例那里找到提升个人意见的方法，并通过积极地转达、运用，让自己的思维处于持续改进、向上的状态。

2. 80% 客观 + 20% 主观 = 自我积极意见

当你要表达个人想法时，你必须保证它是按着这样的份额来分配的：80%的事实，加上20%的主观想法。虽然你的主观想法是你要表达的主要内容，但是，如果你想要形成个人积极意识流，你就有必要在事前准备好80%的客观事实。

在现实生活中，只有观点却没有事实的表达太多了，但这种表达却往往成为个人无主张、无见解的凸显：

明明你是在善意地夸奖别人："这件事情你真的做得很棒！"但别人却说你这种敷衍了事的赞美太假了。

明明你给别人提出了一大堆自己认为不错的建议，可对方一个都没有采纳。

有时候，你或许只是说出了一个观点，却被别人的一堆事实驳得哑口无言，可等到你回过神来，却憋屈得想拍桌子："我明明说的不是那个意思！"

如果你曾经遇到过这样的情况，就有必要思考一下，自己在说话的时候，是否只懂得表达主观想法，却没有给出支持想法的事实。

• 只有观点没有事实，你的意见便产生不了实际效用

举个简单的例子。你告诉朋友：“今天真是变热了！”

朋友很可能会立刻反驳道：“今天根本就不热好不好？才22度而已。”你会觉得自己明明感觉到热了，为什么朋友这么一说，好像天气真的不热了呢？其实，如果你的表达变成这样：“今天的天气真是变热了，现在已经22度了，昨天才18度而已。”相信，你的朋友立刻就会明白你的意思，并认可你的意见。

我们日常生活中另一种“只有观点没有事实”的情况是“有道理的废话”：某人侃侃而谈，口中尽是大道理与大概念，你一听就会连连点头说对，可是，它们对于你的工作与生活毫无意义。这种“有道理的废话”与近年来被人们所诟病的“毒鸡汤”别无二致。

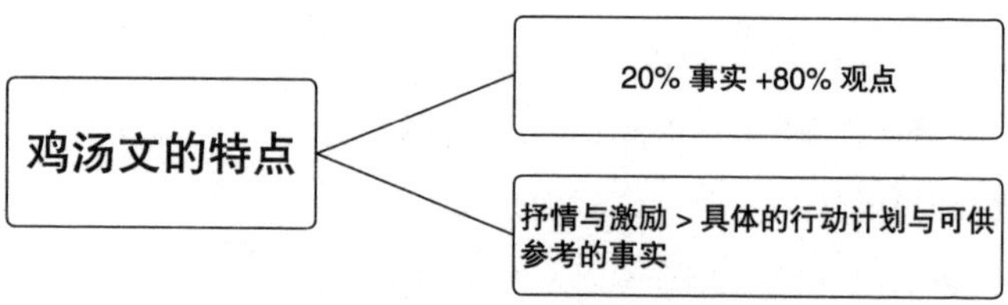

图 6–2　鸡汤文的两大特点

可是，回想一下，你看到带着图6–2特点的鸡汤文时的感觉是怎样的？是认真阅读，还是一带而过呢？对于此类文章，我往往“扫一眼就翻过”。原因很简单：这类文章有观点，却没有足够的事实支撑，在看的时候，让人斗志满满，可这斗志因为没有具体的行动计划与可供参考的事实形成支柱，因此，看完就被遗忘。

这也正是观点多于事实、甚至是只有观点却没有事实的表述的缺陷——产生不了实际效用。

• **只有事实没有观点，他人便会搞不清楚你想说什么**

说话的时候只陈述事实，但是却没表述自己的观点，便会令人摸不着头脑，搞不清楚你到底想要说什么。

我的生活中便曾经发生过此类情况。

一位新认识的朋友得知我是兼职作家，并对结构化思维有一定的了解，便在朋友圈转发了一篇文章，并将网址发送给我，说希望我可以看一下文章。我以为观点肯定在文章中。读后发现，其中所罗列的内容都是“如何做好工作总结”，于是便礼貌性地点了一下“赞”。

但第二天，那位朋友又发来信息，问我对文章有什么看法，文章中所使用的结构，是否与结构化思维相一致。在得知了他的想法后，我再一次回过头去阅读那篇文章，随后给出了解答。

如果他在前一天便告诉我他的目的，那么我当天就会给出他答案——可他只是将文章抛给了我。这与只有事实、没有观点的做法其实是同类型的偏离：我们总是期望自己可以通过给出材料，别人就能够知道我们想要什么，可在没有明确表述自己意图的情况下，他人是无法猜到我们的真实目的的。

只有事实没有观点的阐述，有时候非但不会强化你的意识流，反而会造成对方完全相反的理解。

比如，他人提供给了你一组数据：“在2015年，我公司A业务的增长量是2%，2016年这一数据为3%，2017年则变成了4%。”

当你只听到这组数据时，你会猜测，这组数据代表的是公司的A业务是处于连续三年稳步增长，还是连续三年增长缓慢，抑或是增长停滞呢？

类似于这种只有事实却未给出明确观点的情况，经常会出现在个人工作汇报、意见交流过程中，这往往会造成外界误解，同时也会让人对当事人的思维能力、表达能力产生质疑。而想要摆脱这一误解，你就必须要给自己提出新的要求：在每一个相关数据、内容的呈现中，都应先表明观点，例如："我公司A业务已实现了连续三年稳定增长。"

这也是有想法的人们共同的特点。他们总是会在潜意识中去运用各种表述技巧，以便更有效地传达自我观点。因此，他们在前期内容准备时，也会以"利他性"为原则，给出观点，再给出用于佐证事实的观点。

• 有事实有观点，你的表述才能称之为"意见"

意见的本意是人们基于相关事实而产生的看法或想法。从这一表述中可以看到，意见一词有两层含义：要有相关事实，要有自己的想法。这就意味着，你的表述中必须含事实和自我观点：80%的事实，可以让人了解事物的本质，而20%的意见，则可让人了解你的想法。

这一特定结构，既给了他人一个与你深度沟通的机会，同时也提供给了他人认可你的可能性。

之所以事实要占据大部分份额，是因为有事实摆在眼前，他人才会了解你的观点根据何在，进而才会发生图6-3中的三种可能性：

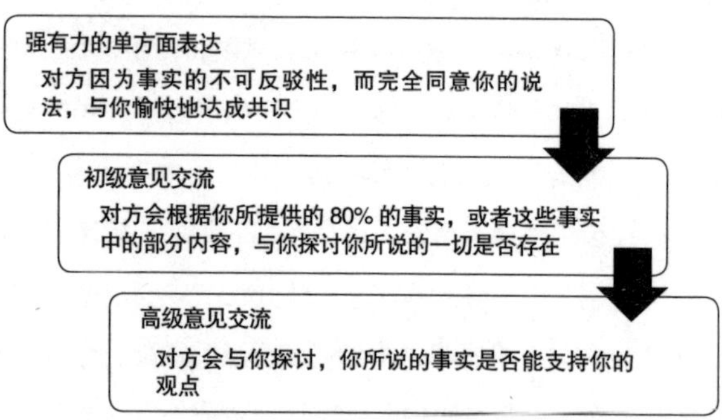

图 6-3　三种不同层次的表达与沟通

这些可能性也提供给了我们另外一个视角：当我们与他人讨论问题时，最应具备的修养就是，我们只能对支撑他人观点的事实展开讨论，或者只能就事实与观点之间的对应关系展开讨论。

在表述之前确立好观点，并找到足够的客观事实来支撑观点，便能形成足够强大的意识流。在这种情况下，你的个人意见才有可能在接下来的陈述中被接受。

3. 用背景给自己背书

大部分需要展开思考的事情，往往是因为问题已经发生。在这种情况下，除了要致力于整理思维以便更好地分析、思考问题外，还要设定目标值与想要达成的状态与条件。

如果不是从平日里开始就对某一件事进行了有意识的设想，并描绘出了最佳的典型状态的话，就无法很好地设定出该事的“最佳状态”。

所谓的“最佳状态”，是指特定的状况与目的应有的状态。因此，你需要确定：自己为什么要设定该目标，该目标要达到怎样的状态，以及它会发挥什么样的作用，它的目的是什么。

通过这一确定工作，你将能够真实地描述出应有状态。

这一过程就好比恋爱与婚礼一样。你与女友相恋三年时间，感情一直在稳定展开。虽然你已经将她当成了未来的结婚对象，但从来没有具体想象过两人的婚礼。而现在，你的女友提出结婚的设想，并要求拥有一个像样的婚礼。

而了解“婚礼”的相关背景之所以重要，是因为你是否能够依据于相关的背景，提出让你们的婚礼既符合世俗要求又符合你们的经济状况，又可满足女友小小虚荣心的相关意见，是让你们的爱情更上一楼的关键所在。

这一作业过程，即“背景认识”，它一般由表6–3中的五个目的构成。

表 6–3　背景认识的五大目的

背景认识的五大目的
1. 搞清楚目标值与应具备的条件与原因
2. 把握完成它们的真正目的
3. 明确应考虑的观点与视角
4. 应考虑到的必要条件
5. 明确应当解决的协调条件

这是形成个人意识流的关键性前提。

• 重新认识最初规定的目标值与应具备的状态

进行这样的背景认知，重新认识最初规定的目标值，与其应达到的状态，是强化个人意见、增强意见可行性的重要前提。

就如同举办婚礼这件事情一样。有时候，女友会想象一个太过美好的婚礼，如像某些明星一样，在古堡之中举办梦幻婚礼，并将之当成必须要完成的目标来布置给男友。对于这种过高的目标值，即使男友有心去完成，但也会因为各方面的条件限制而无法实行。

此时，如果男友可以客观地对背景进行认识与整理，为“美好婚礼”定下一个合理的定义，并通过恰当的阐述，来表明这样的婚礼是对日后两人开始新生活最好的选择，那么女友便会意识到自我期盼的不足，进而重新设定目标。

• **明确认识背景的六大层次**

为了更好地认识背景，有意识地理解“以什么样的层次来搞定事情”很重要。认识事件背景的层次多分为以下六种 。

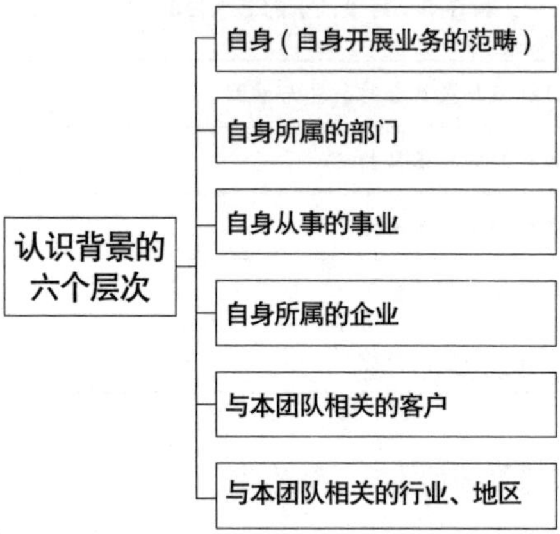

图 6–4　背景认知六层次

站在图6–4所示的各自立场看待事件时，即使是同样的问题，在各不相同的层次，也可以调查清楚不同的视角在看待事件时的必要条件与协调条件。这对于认识背景同样有着扩大视野的作用，特别是在采取对策之际非常有用，因为在实施对策方面，提前设想有可能会出现的障碍，并研究了要如何解决。

依然拿婚礼一事来说。男女双方或许并不想要举办传统式婚礼，而是想要进行出国旅行式婚礼，这就必须考虑双方父母会不会同意，若遭遇反对意见，要如何回应。只有想好了这些问题，出国旅行婚礼才有可能实现，否则，便极有可能因为某一方父母的反对而“流产”。

• **站在背景角度试想如何解说**

在了解了不同方面的意识以后，你需要做的就是想象着如何应对不同观点，更好地讲清自己的主张。此时，明确自我背景与立场是最基本的礼仪，提前声明这一点，可以让你最大化远离“没有主见”或者“两面三刀”的形象。

如果你需要针对某一对象展开评论，却对该对象不熟悉，你就需要坦诚告诉他人，你不方便发表看法。这就是在明确自己的“背景”。

比如，在写作一篇书评时，你应诚实地说明，“这是我阅读的该作者的第二本书”，“平日里，我并不怎么看此类作品”。当然，你也可以表明，“我之前有过与作者相同的职业经历”，或者，“我也曾经尝试着写作这样一本书”。这是提供给他人的一种信息，有助于对方理解你的观点因何产生。

表明这种背景的最大好处就在于，你将能够站在这一前提下提出类似“与前一部作品相比，这部作品的文笔略显拖沓”或者“真实的职场远比这更残酷”等评价。通过了解你的评价，他人也会思考与该作品相关的内容。

在其他情况下，表明自己的背景也同样重要。在评价一家火锅店时，几乎不怎么去火锅店，总是去大排档以及专门去吃正宗火锅的人，各自的评价标准都是不同的。那种专门去吃四川正宗火锅的人，遇到水平稍微低一些的店，往往会予以“不够正宗”的苛刻评价，但此类人的评价往往是最有价值、最可信的。

这也算是“专业”带来的力量。如果你是一名婚礼设计师，你的新娘虽然与你一样，不主张大办婚宴，但却期望购买一件某名牌推出的、价格昂贵到可以买一辆车的婚纱。此时，你从专业角度告诉新娘，某某私人订制品牌细节更精美，而价格只是对方看中的品牌的

2/3。如此，她相信你的概率将会更高。

学会考虑各方面的背景，其实是再一次从不同的角度认识自我意见的过程，将这一过程想得周全一些，在表述个人意见的过程中，遇到反对意见却无法反驳、遇到质疑却无法有效回应的概率便会下降很多。

4. 有经验、有细节、有评论，才有独立意见

你或许有过这样的体验：

开会听报告时，有个问题想要询问，但总怕问不到点子上，于是闷在心里，不敢说话；

同事因为某件工作与你展开讨论，可一大半的时间，都是他在说他的想法；轮到你讲时，你只有三个字——“没意见”；

上司公开征求大家对某事的意见，你表达了反对意见，可是，当上司问你为什么反对时，你又说不出个一二三。

……

建立自我意见，是形成个人意识流的关键所在。不过，很多人并不懂得如何才能形成有效的意见。

例如，同事提出了一个商品策划方案，是一个能够依靠单纯地“听”就能提升英语能力的产品。你听到这一提案以后，表达反对意见时，若只是单纯地基于自己的感觉，那么，你的意见就未免太过脆弱，太容易被反驳。

但是，若你对自己的公司情况极为了解，同时又对与该商品类似的相关产品非常清晰，并因此而提出了有效评论的话，那么，你便能够表达出有力的独立意见。不过，你首先要搞清楚，同事为什么要向

你阐述自己的方案，他希望你给他什么样的回应。

• 弄清楚对方想要从你这里得到什么

哪怕对方请你表达自己的意见，你也应搞清楚，他是想从你这里得到专业建议，还是参谋性意见。

你最好在了解自己可以“提供什么”的基础上，具体情况具体分析。对于诸如“我们最好选择哪个品牌的电脑，是苹果电脑还是惠普电脑”一类的主观性询问，提供意见是最好的选择。

不过，当对方的问题是“用什么材料，可以为苹果电脑制作出一个优质的固态硬盘”时，你就必须对“制作固态硬盘”这方面的知识了解颇深，才能够给予对方专业性的建议。

千万不要不懂装懂，也不要明明未曾经历过某种情境，硬夸口自己有相关经验。

这也正是我认为表达意见的过程中极其重要的一点：不懂从来不是问题，不懂装懂才是问题。

• 先澄清事实

在遇到自己听不懂或者暂时还不知道如何去处理的事情时，首先不要慌，不要急着回答，可以先询问对方问题的来龙去脉。有时候，只需要将事情弄清楚，问题就会消失。

如果他人询问你意见，你一时间不知道如何应对，可以先请对方详述事情的经过。需要注意的是，很多人在陈述的过程中，并不是在陈述事实，而是在讲述自己的判断、猜测。此时，你就要认真地听，问清楚对方所讲的情况，是他看到的，还是听别人说的，抑或是个人猜测。

比如，对方告诉你机器坏掉了，你可以先问他，是他自己看到的，还是听一线工人说的，具体是怎么个坏法，具体做了哪些操作以后才坏掉。

再比如，对方告诉你，客户对你们的服务极度不满，那么你可以询问他是从何处判断客户极度不满的，是客户说了哪些话，还是做了哪些表达不满的动作与行为。

这看似烦琐，其实是在求证事实：通过对细节的追问，你将有机会找到问题的症结所在，同时也能趁着对方陈述，给自己争取到“整理意见”的时间。

• 询问他人的看法

当你们所讨论的问题被厘清后，接下来，才是你们想要解决的问题。

此时，你可以先询问对方：“对于这件事情，你有什么看法？”或者“你感觉这件事情要如何处理？”

大多数人都希望在阐述事实以后能够有机会表达自己的意见，所以，不管对方是在寻求协助还是在询问意见，反问对方的看法都能带来不少的好处：至少，这一举动可以让对方意识到你对他的尊重。

接着，你们可以就内容展开讨论。你可以提出一些可能存在的问题请对方说明。如果你感觉对方的意见有道理，做法可行的话，可以顺着对方的意见说：“你的意见真的很不错，我感觉这是一个解决问题的好办法。”即使对方的意见不恰当，你也可以借此对问题产生更深入的认知，同时为自己争取到更多时间，以思考到底要如何处理。

• 在相互评论中探讨解决问题的方法

如果对方并未提出有效的做法，但也提出了一些看法，你可以就其中一些疑点来与对方展开讨论。不过，在针对事件展开讨论时，必须要让自己的话语在简单易懂的基础上，产生让对方“豁然开朗”的感受。

最好的评价方法是，依据图6-5中的三大要素来形成有效的评论。

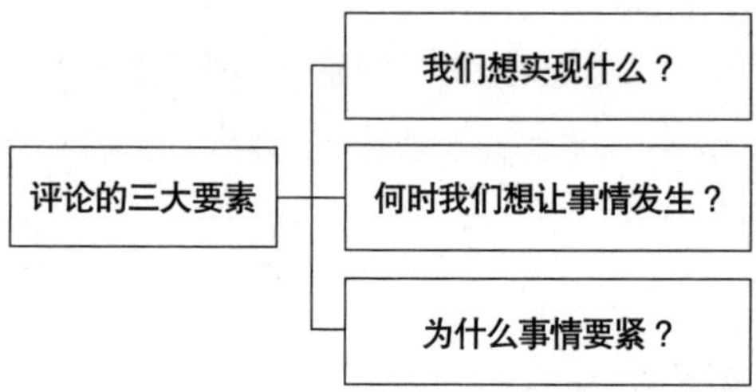

图 6-5　评论的三大要素

此时，你最应专心致力于将自己对事情的认知，即“什么—何时—为什么”信息传达给交流对象。

你需要警惕：此时，还不是将注意力放在“如何”去完成事项的时间点上。这就如同你与女朋友讨论到底晚上要去哪里吃饭一样，现阶段，“到底吃什么”还不需要急着去下结论，你们需要做的，是让彼此的意见都被听到，以便在接下来做出更好的选择。

只有对一件事情有足够的经验，同时又了解相关的细节，才能够发表有效的评论，而这些评论在经过了系统整理以后，便会造就积极的意见，促进个人意识流的形成。

5. 好观点需要自掏腰包

建立个人意识流的过程中，最有用的一条建议是，你要学会用成本意识来衡量信息。

我们生活在商品时代里，各种各样的商品与服务都有其特定的价格，而想要表现出“性价比”这一点，最好的意见就是“使用××元带来了超高/超低的性价比”这样的说法。因为此类意见能够带给他人更真实、更直接的印象，所以它们的说服力往往会大大增加。

这就如同你要在某购物网站上购买一台电脑一样，如果看到下面三个不同的评论，你会选择信任哪一种？

1）东西挺好用的；

2）没有太大实用价值，不建议购买；

3）用3563元买到这样的电脑，应该知足了，这是这一价格档次能够买到的较好质量了。

很显然，相比于前两种说法，选择信任第三种说法的人会更多，因为它可以让人更切身地感受到产品的质量。

与此评论能够产生相同作用的评价还有：“真想让卖家退给我1000元钱，这才是它真实的卖价！”“虽然花了3563元，比同档次的电脑贵了几百元，可是，使用起来感觉绝对是物有所值的。”

这些意见的共同之处就在于，它们的写作者运用了“当事人视角”：他们通过自己的亲身经历，发出了赞叹或者牢骚，而这种“当事人视角”又增加了他们评论的可信度。站在这一角度说，如果你想要让自己的对某一件事情的好坏评价得到他人认可，就必须基于“价格”这一明确的标准来做出评价。

反过来这一道理同样存在：你想写出好评论，就必须先“自掏腰包”。

• 用“自掏腰包”来强化“当事人视角”

现代社会里免费或者接近免费的信息泛滥成灾，在互联网普及的时代里，我们可以轻而易举地获得大量信息。不可否认，这些免费信息给我们的生活带来了极大的便利，但同时，它们也剥夺了我们成为“当事人”的机会。

比如，哪怕是同一本书，从图书馆借来的人，与哪怕只是趁网站打折时花费10元买来的人相比，阅读心理也会有所不同：由于花费了自己的金钱，后者会更用心地去阅读。因此，我常常会告诉周围的人：“不要阅读太多不花钱的东西，不花钱的信息一来极少有客观而公正的内容，二来你也不会真正产生兴趣。”

这其实是很多人的心理：既然付了钱，就不愿意再浪费，而这样的心理也驱使我们拿出认真的态度。比起敷衍了事地接触免费的东西，从结果上来看，有偿付出往往可以使我们收获更多。

而且，所谓的“自掏腰包”并非仅仅指代金钱，在很多情况下，时间是比金钱更重要、且不可重复获取的资源。如何在获取信息、建立观点的过程中，尽可能地在阶段时间内产出最大化，也是我们需要考虑的重要问题。

• 买书并读书，对信息加以筛选

买书能够增加阅读的欲望，同时，能够成书出版的内容也往往有其独特性在其中。不过，买书绝不是漫无目的地购买，需要注意图6–6所提示的两点。

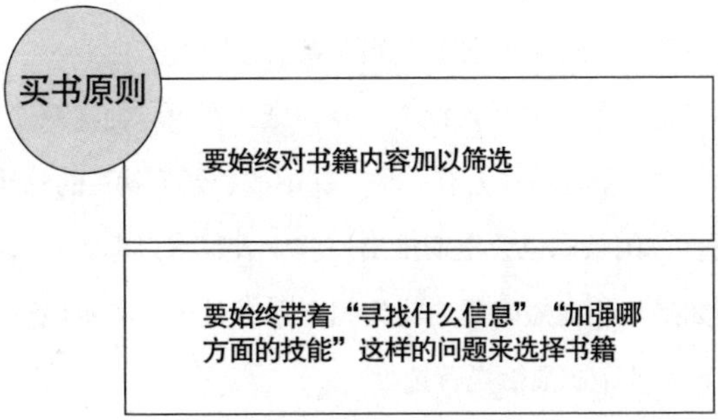

图 6–6　买书时必记的两大原则

想要做到这两点，最好的方法是向周围那些经常会产出独特观点又喜爱阅读的朋友/同事进行请教，这个方法最为有效。当然，你也可以通过网站上的书评，来找到某一领域内最值得去阅读的书籍。

再有就是，有空的时候便到书店里去逛逛，通过浏览图书的书名与目录进行筛选。例如，你想购买一本营销策划类书籍，以供日后与同事讨论时可以提供相关意见，那么你可以先从书名入手，看书名是否切合“营销策划”的内容，其目录是否清晰易懂，作者的观点是否鲜明。

通过这种看似不经意的翻阅，你便可以确定某本书是否是自己所需要的。需要提醒的是，一定要从诸多图书中选择自己最满意的那本，否则，就等于白白浪费了自己的时间与金钱。

运用这些方法，或许可以帮助你增加了解新鲜观点与有益看法的概率，不过，想得出某一领域内的好观点，这种大量读书的做法显然效率不高。

• 多读一些专业类杂志

报纸杂志也是一个重要的信息来源，而且，与成书相比，其观点往往更凝练。在这方面，我建议你尽量压缩阅读休闲杂志的时间，而将主要精力花费在阅读专业性较强的杂志或书籍上。

休闲杂志在新闻的时效性上不及报纸，在内容的精深度上也比不过专业的杂志，很容易让人有一种“高不成、低不就”的感觉。

当然，休闲杂志也会定期推出一些令人很感兴趣的专辑，读读也无妨，但如果你想在短时间内收集到更多有益于个人意识流形成的信息，那么，专业杂志显然是首选。

• 从收费网站中获得信息

如果有非常重要的工作需要我提供相关的数据，那么我往往会选择收费的专业性网站，因为此类网站不仅能够提供更加聚焦的信息，同时也可以省却我在大量垃圾信息中找资料的苦恼。

不过，这也是很多人无法做到的：在获取相关信息如此简单的时代里，普通人更愿意将钱省下来，从大量免费网站中去寻找资料。可这样做的弊端在于：一来，你会在网上冲浪花费更多的时间；二来，纷繁复杂的信息扑面而来，你极有可能遭遇到对决策或观点产生负面影响的信息。

相比之下，专业性的收费网站则可以让你远离这些弊端。

想得出好的观点，就必须舍得花钱、花时间去购买与阅读有效的信息，并以此为基础，结合自己的工作、生活，勤思考、多实践，消化这些信息为己所用，然后，沉淀出自己的知识体系。唯有如此，你才能在需要时随口说出好观点。

6. 解决“无个性”的致命缺陷

拥有质疑精神，拥有独立个性，不仅能够避免我们轻信他人所描绘的愿景，避免轻信那些具有影响力的人士的指点，更能让我们远离无中生有的传言。

一个没有个性的人往往会因为缺乏主见而表现出不自信的样子。当我们不自信时，内心的声音便会变得极度微弱，并总是会被他人的言语所左右，甚至会因此而放弃自己说话的机会。

在这个崇尚个性的时代，“有个性”被视为“有发展潜质、敢说敢做”。那么，如何成为一个有个性的人？

• 让自己拥有广泛的知识面

拥有广博的知识并不能保证你成为一个有个性的人，只能保证你在与任何人聊天时，都“有的聊”，而“有的聊”往往是你能够表达个人观点的前提所在。

想与他人“有的聊”，首先你应该做到的就是多阅读，使自己的思维与辨别事物的能力不断提高。阅读的过程往往就是逻辑分析与判断的过程。现实生活中，我们所能见到的那些拥有独特见解、思路敏捷的人往往都是博学多才的人。如果你身边有类似这样的“高人”，与他们多多交流，对你形成自己的主见大有裨益。

• 把握表达与质疑的机会

平日里，你还应争取机会，将自己的观点与想法勇敢地表达出来。许多人缺乏将心声讲述出来的勇气，他们不敢开口，生怕自己的想法会受到他人嘲笑。殊不知，只有你敢讲，他人才有机会真正地认识你。学会及时找机会说出自己的看法，不要让他人打断，若有人试图反驳你，你可以告诉对方："请先让我说完。"你的看法不一定要长篇大论，缓慢而清晰的简短叙述也可以让人意识到，你原来也是一个有主见的人。

大部分人之所以会让人感觉他们是没有主见的人，是因为他们过于轻易地接受他人的看法。事实上，每个人的观点与看法都是不同的，当你的观点与他人存在异议时，学会提出有建设性的、反对性的意见，在尊重他人的前提下，将自己的意见表述出来；不轻易接受他人的观点，是你拥有自我主见的重要一步。

另一方面，在质疑他人时，你也应表现得有力量一些，讲话时，应少用"也许""可能""如果说""听说"一类的模棱两可的词语，而应多用"我建议""我认为""我期望"一类干净利落的词语。此类词语不仅会让他人感觉你拥有自信，更会让他人重视你的想法。

• 拥有独特的个人标签

"不随便""有明确的个人喜爱"，这就是你独特的个人标签——想要成为有个性的人，特别需要这样的标签。一个在生活中总是以"随便""将就"态度过日子的人，或许不会讨人嫌，但也不容易让人记住，因为人们更容易记住那些喜好明确的人。

很多无个性之人都有一个共同点：没有喜好，不知道自己喜欢什么，更没有特长。但“上班下班、两点一线”的人生，很容易会让人感觉到了无生趣。而爱好是提升个人生活品质和有趣度的一个有效办法：由于喜爱，你在所爱的东西上会投入更多的东西，了解更多的知识，从而拓宽你的知识面。

图 6–7　生活中我所遇到的有趣个人标签

有个性是形成个人意识流的重要基础，只有用你的个性化观察表达了个性化的观点，你才有机会吸引到他人的注意，在与他人产生思维上的碰撞前提下，让他人愿意聆听进而采纳你的意见。

SIKAOZHISHENG

第七章

立足有效输出，开口就有好观点

有效的意识流并不足以让你的意见被肯定，你还需要有效输出加以辅助。当你能够分层次、有条理地勇于发表并坚持自己独到的见解时，你才算是塑造出了一个完整的“有想法”形象。听起来“有效输出”很简单，但做起来并不容易，它需要你能够在逻辑化的基础上将深度思考的内容表述出来。

1. 表达就像做造型，要学会重点搭配

很多人在表述观点时喜欢堆砌内容，或者在对话中一次性地带入许多重点，或者答非所问。我曾经在许多场合中听到过此类沟通失误。

1）两个女孩对话。

A问：你最近新买的那个大牌护肤精华管用吗？

B答：那个精华里含有透明质酸、高效水溶性和脂溶性精华……

A打断了B的话："你说了这么多，它到底是有用还是没有用？"

2）陪生病的朋友去看门诊。

医生问："出现这种情况多久了？"

朋友回答："大约是一个月以前发生的，第一次持续了一个星期，然后，好了几天，隔几天又出现了。"

3）某下属汇报某项工作出现了问题。

我问道："那到底是什么原因引发了这个问题？"

下属回答："其实，这个事件出现的原因有很多，我们的人事协调度不高，同时，同事们对这项任务又不太感兴趣，再加上完成难度

也很高……”

“那到底要怎样解决？”

“我感觉团队配合、任务合理分配、前期引导都很有必要……”

类似的交流失误还有很多。

观察此类失误可以发现，此类回答都是出于一种“想要回答全面”的冲动：与他人沟通时，分不清他人的问话重点，搞不明白到底要先说什么、后说什么，无法实现有轻有重、有序回答。

• 表达就如同穿衣造型，如何突出重点是必修课

穿衣造型讲究的是以重点配合主题，通过衣服的颜色、配饰来与不同的场合、自身的个性形成有效的配合，从而提升自身的吸引力。这与表达之道相似。表达也需要个人通过语词的甄选、内容次序的排列来呼应对话的目的，以实现重点突出、言语有序、有效表达。

无法在对话中把握重点，往往是因为思维能力不足，对沟通内容整体上没有形成良好把握，自然无法在说话时形成有效表达。想要改善这一问题，可以从搞清楚对话重点来入手。

• 明确前提，清晰对话的目的是什么

不管对话是你先发起的，还是对方先展开的，你都应先确定对话目的是什么，特别是当对话是对方主导时，你更应该搞清楚他的谈话重点在哪里。

如果你并没有搞清楚对方想要问的是什么，就立即反问回去，询问对方到底想知道什么。这一过程就如同打羽毛球一样，对方打过来一个出界球，你不接的情况下，对方丢分，但你若接了却没接准，就肯定是你丢分了。

• 梳理好内容，找好表述的关键点

清楚了对话目的后，就必须要在开口之前先梳理清晰自己要讲述的内容。高效的观点输出情境中，个人要表述问题一定是清晰的，特别是当你作为需要输出观点的一方时，如果你自己都不清楚到底要说什么，那么解决问题/传达观点便无从谈起。

因此，想让话语搭配有序，必须先确定自己想阐述的主要问题，图7-1中的5W1H原则可发挥作用。

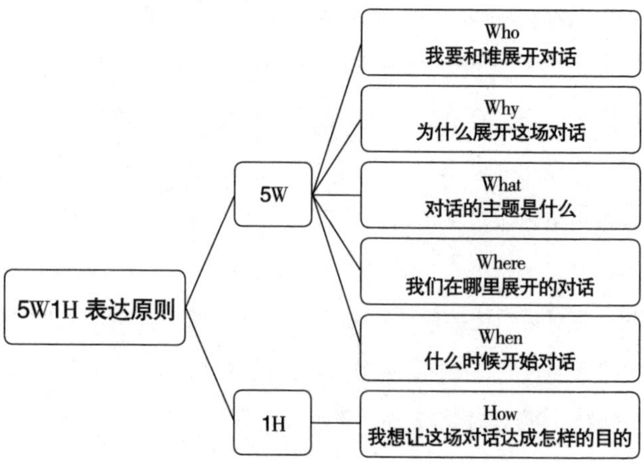

图 7-1　梳理重点的 5W1H 原则

• 从关键词句开始，展开重点

能突出重点的表达是可以练习的，你可以试试在下属三种不同属性的词句中，展示出自己的重点。

◆ 明确关键词

如果不想让自己的话语被对方在脑海中“快速略过”，你就必须使用可让对方继续了解的关键词。

这就意味着，你在对话展开前，要先问问自己："如果只是想让对方记住一个词，那会是什么？""用一句话来总结，我想说的内容主轴是什么？"

回答这两个问题，就能够明确地知道，自己应在对话中重点传达什么，同时也可以了解到最足以精准传达观点的关键词是什么。

◆ 将重点浓缩成一句话

这一点在商务场合中格外重要。如果你在与上司/客户对话中，总是不断地重复"换句话说""也就是说"，很容易让听者困惑你到底想说什么，甚至极可能失去耐性，开始分心。因此，你应将重要观点浓缩成一句话，使听者一听就懂。

◆ 使用能显示重要程度的词句

恰当的连接词可以让你的话语节奏更明了、重点更突出。如果你想让对方意识到你说的是重点内容，那么可以使用表7-1中的词句来表现它的重要程度。

表 7-1　重要程度预示词

· 重点是……
· 我的重点在于……
· 必须要强调一点……
· 当下的重中之重是……
· 想达到……首先要做到……
· 首要内容是……
· 因此……
· 必须……

当你将重点表达完以后，应该视具体情况决定是否推进对话。假设听者是你的上司，急着要去开会，那么你在说清重点之后，就不要再补充细节。再假设听者已经表现出了不耐烦，那么你就不能再延续话题，而应该顺着对方的情绪转移话题。

2. 逻辑能让你表现出有条理的一面

有些人说话总是不过脑子，说的话语让人摸不着头脑；还有些人在表达过程中表现得语无伦次……之所以出现此类问题，是因为说话者不具备逻辑表达的能力。

因此，我们在输出观点时，一定要注意先将话语按着一定的逻辑条理清晰地表述出来。

• 确立一个明确的中心

如果说话无法围绕着一个明确的中心来表达，那么你表达得再丰富，听者也会听得糊里糊涂。

我参加过某公司的季度例会。当时，该公司的总经理坐在会议桌旁，谈一个季度来公司的具体发展情况。他先从公司的创建史开始说起，谈起了日后公司的发展前景，又谈及了公司里的人员配置，后来又说起了公司的规章制度。

在会议结束时，他又谈到了公司存在的几个问题（通过会前与他对话，我知道这才是他当日的讲话重点），可是，当时参加会议的管理者们已经被他的一连串话语搅得头脑发胀，根本不知道总经理究竟要在这个会议上想说什么。

就这样，说的人东一句西一句；听的人云里雾里，会议尴尬地结束了。

要知道，不管你是在做简报、参加会议，还是在进行简单说明，都不可以把思考的焦点放在“我想说（应该说）什么”上，而是要先自问：“我现在应该解决的问题/主题究竟是什么？”理出个头绪，明确你想表达的最终意思，然后，围绕这一中心展开论述。这样，你所表达的意思才会清晰明了又不乏条理。

• 确定自己希望得到什么样的反应

有效的输出必然建立在对方有所反应的基础上，这也是沟通的最终目的。而有效输出所产生的效果可以分为三类：

1）理解。通过阐述自我观点，使对方正确地了解自己想要传达的内容。比如，业务拜访、事务联络等。

2）感想、建议或者判断。希望他人能够正确地了解自己传达的内容，并且与对方展开互动，进而得到回馈与感想、建议或者判断。比如，开会讨论、市场调查等；

3）采取行动。希望他人可以正确地了解自己所传达的内容，并且采取行动。比如，回答问卷等。

在经过上述确认以后，再开始思考：“对于这个主题/问题，我的答案是什么？”

而答案具体可以分为结论、根据与行动，通常情况下，它们会以图7–2所示顺序展开进行。

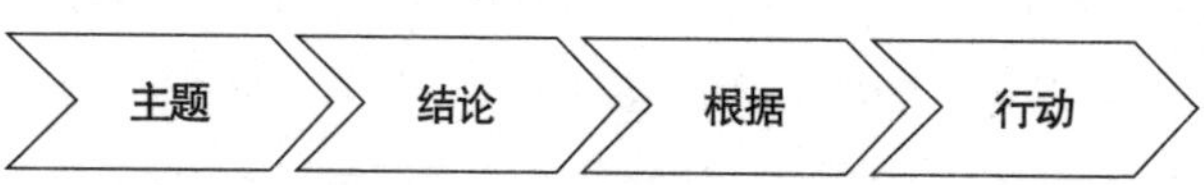

图 7–2　问题解决过程中的逻辑顺序

比如说：

如果你要向上司建议，为办公室新购一台员工加热食物用的微波炉，那么，整个过程应这样展开：

“我们有必要购买一台新的微波炉放在茶水间。”→主题

“去大卖场进行实际比较以后我发现，应该是A公司的100号机型最适合。”→结论

“大小刚好，又易于操作，且价格合适。”→根据

“好，那我们这个月15号以前就买入。”→行动

由确定主题开始，带出结论，列出了上司无法不同意的根据以后，再行动落实。这本身就是一个完整的意见表达过程。

• 对根据展开有序表达与分类表达

有序化与分类化主要运用在“根据”步骤中。根据有秩序、分类明确，话语才会有逻辑、有条理。

◆ 有序表达

即按着一定的次序说话，这样的说话方式往往会自然而然地产生条理性。

比如，一件事情的经过，可以按着时间、地点、人物、事件、结果、总结来有序说明。

这里有一点要记住：时间是一个永远不会过时的维度，过去—现在—未来，这是最有效的条理化表达公式。

◆ 分类表达

即按着事物的类别、方位、结构、因果、属性等关系来进行表达。“分类表达”最可以体现出个人对于事物或问题的认识层次感，因为它表现出来的是一种概括能力。比如，在谈论问题时，我们往往会使用辩证法的“一分为二”思路来切入问题，而此时的分类方法就

会有：

积极的一面，不利的一面；

内因是什么，外因是什么；

优势在于，劣势在于；

……

比如，同样谈论对北京市中心的印象，如何运用分类来进行对话？

按着区域分，可以从东城、西城两大中心区的印象开始谈起；

按领域分，可以从北京的经济、文化、城市建设方面开始谈起；

按着“天、地、人”分，可以从北京的气候、绿化环境、北京人的印象开始谈起。

当然，你也可以从事物的涵盖面或者涉及面来考虑。

比如，在谈论大事时，按着经济方面、文化方面、对外关系方面、历史意义方面与民众心理方面入手。

在谈论人时，则可以从社会关系上着手，如在同事、上司、客户、自己眼里分别是何种印象。

• 学会运用“黄金三点论”

凡事说三，条理自现，而“黄金三点论”更是在短时间内快速输出观点、形成条理性的重要技巧。

最常用的方法，就是不管内容如何，先使用“一、二、三”或者“第一、第二、第三”等方式来表达。这样，不仅自己的观点一目了然，而且他人听了以后，会感觉你思路非常清晰。

这一方法也有延伸式用法，具体可从图7-3中看到。

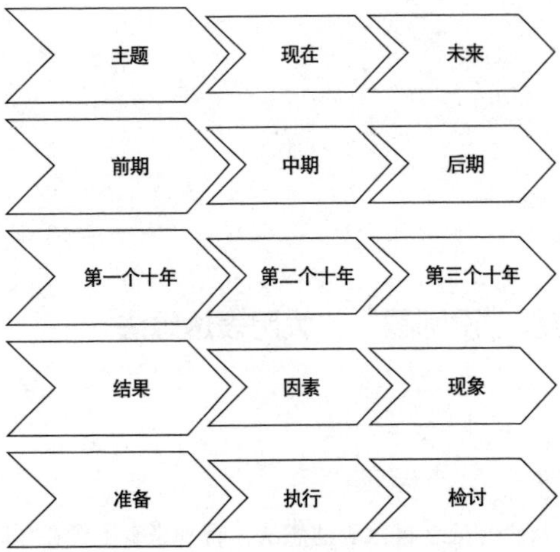

图 7–3　“黄金三点论”的延伸用法

按着上述内容去培养自己的观点输出模式，可以有效地达成逻辑化表达的目的，但是想养成这样的习惯并不容易，尤其是像这种抽象的思维与表达习惯。因此，前期可以选择一种简单的切入方式——模仿，即回答问题时，尽可能地采用上述简单的逻辑回答，哪怕运用之初并不合理。

将习惯固化一段时间后，再将话语的细节优化得更细腻、更极致，并不停地更新与改进，你便有机会在形成条理化表达风格的同时，展示出自己有想法的一面。

3. 告别“没问题”，大胆表达想法

有些人开会时缺乏自信表达想法，特别是有上级在场时。

想象一下，会议已经接近尾声了，上司扫视了一圈说：“还有人对这个方案有什么想法吗？”除你之外，大家都已经表达过意见，所以，上司理所当然地将目光投向你：“小A，你怎么看？”

“啊……我没意见。”

“好吧！”上司的目光中明显流露出失望，“那就这样定吧！”

可你明明有不错的想法——你明白，自己又丢掉了一个让上司与同事看到你潜力的好机会。

就像在会议中不敢发言一样，出于各种理由，很多人不愿意在公开场合讲话。可不敢表达想法，其实也是在放弃让他人了解你的机会。如何才能让自己更有效地在需要时大胆发言？最好的办法是从平时就做好需要发言的预设。

• 平日经常开启预设模式

如果你在关键时刻总是不知道如何表达，且总是以“没问题”来应对他人的问询，那最好的方法就是在平日里便开启预设模式，多想想自己过去有哪些表达欠佳的场景。

想想类似场景之下，自己要怎样表达，效果才会更好。具体可以分为三个步骤：

1）先将自己对此事、此场景的几层意思用笔罗列在纸上。

2）根据这几层意思，将自己的想法一一说出来。

3）如果感觉说的效果不好，再来一遍。反正此时你只是对自己表达，不需要顾及言语上的细节，只需要着重于“重点是否表达出来”即可。

如此反复，直到自己满意为止。

时间久了，练习得次数多了，这一过程就会越来越快。开始你可能需要写在纸上，慢慢地，你会将这一程序熟练于心，在遇到需要即时反映的情况时，说出来的内容就会有建设性意义。

• 尽早发言

参加会议，越晚发言越容易面临窘境，因为几乎所有容易的问题都被提到了，好建议几乎都已经被提出了，你想说出好建议，提出好问题，其困难度可想而知。

因此，每一次参与讨论时，你都要尽早让他人知道你的存在与想法，最好在讨论开始前十分钟内就开始说话——即使你的发言只是对他人的发言表示同意，或者只是再补充一些简单的信息。

你越早参与，你产生自我怀疑的时间就越少，但如果你拖延开口，加入讨论的难度就会越大。

• 不要低估了自己想法的价值

这一点在商务性的会谈中格外重要。在工作场合中，主动表达往往是让上司了解你的工作、知晓你的长处的重要信息来源。

因此，下一次参与讨论时，你必须要给自己做一些讲话动员。

你需要提醒自己："我拥有他人不具备的专业能力与知识，别人信赖我，我也应该相信自己。"这样一来，当你有想法时，你就有更多精神层面上的动力去主动表达。

• 提前选择一个主题

如果你参与的是一个有主题的讨论，那么提前做好准备便显得尤其必要了。选择出讨论过程中对你最有利、最重要的那个议题，不仅有助于建立你发言的信心，同时更有利你个人专业形象的塑造。

因此，如果你是策划人员，要参加一项产品发布前的内部细节讨论会，就可以立足于"策划更好的发布步骤"这一细节来表达想法。这样做，一来可以表现出你的专业观点，同时也可以让他人意识到，你是的的确确在发表对"产品发布"有益的意见。

• 不要过多地审查自己

在参与讨论之前，你有必要对自己承诺："这一次会议，我会表达至少一个脑海中突然出现的想法。"再次琢磨这些想法，或者停下来改编你的发言，往往会让你的恐惧越来越大。一旦养成这种习惯，你加入即时谈话的能力便会不断降低，因为担心说错话、引发争议而不敢发表意见的次数也会越来越多。

我们有必要意识到，分歧是不可避免且有用的，即使你所表达的观点只是在某种程度上正确，它们也可以促使其他听者更好地思考，创造出更多的解决方案，从而提升所有在场者解决问题的创造力。所以，不要犹豫，大胆地以谦虚的态度提出不同的观点即可。

• 以提问代替表达意见

我在30岁以前也一直受困于不敢表达自我想法，不过，后来我慢慢地找到一个方法来克服自己的恐惧：直接提问。

直接提问降低了“得想出一个好主意”带来的压力与风险，同时也可以让你参与到讨论中。随着时间的推移与提问次数的增多，你也会获得更多自信，并愿意去发表想法。

总是以“没问题”来应对上司，的确会让上司意识到你是一个专心服从他或者团队意志的个体，但这样做也有很大的弊病——你失去了重塑自我重要性的机会。

在工作场合中，管理者会注意到下属们的建设性意见，所以找机会通过发言去展示自己的长处与能力才是“正道”。

4. 正确地表达不同意见

想象一下这样一个场景：

现在是每周一次的重要项目策划时间，由于这是你在这家公司做产品经理以来的首次发言，为了在这次策划会上有出色表现，你周末都没有休息，赶制出了一份精美的PPT。

策划开始以后，你胸有成竹地站在众人面前，微笑着开始介绍自己的方案。

头几分钟，在座的人还在认真观看，可是慢慢地，交头接耳的同事越来越多。接下来，更尴尬的事情发生了：A经理打断了你的话。

“先停一下！”A经理用傲慢的语气冲你说，“你这个方案思路，我们早在上个月就否定了。当然，那时候你还没来公司。这样吧，你就介绍到这儿，听听其他同事的方案。”

你尴尬无比，准备收拾东西回到座位上，又一个声音传了过来：“你等一下。”另一位负责内容的B经理说，“各位，我感觉虽然这个方案的结论与我们上个月否定掉的相似，但这份方案还是有可取之处的。比如，提出了‘用户走向’这个概念，同时给出了定义。光这一点，我就感觉非常有价值。”

听到这番话，你的尴尬消除了。

其实，A经理和B经理都对你的发言表示了不同意见，但是，因为B经理的表述方式顾及了你的尴尬，你无疑乐于接受他的意见，而对A经理的意见产生抵触。

为什么表达不同意见会产生不同的效果？这与我们对“不同意见”的认知有关。

• 不同意见≠反对意见

在非辩论场合中，面对我们不认同的发言，可以在不让发言者感觉难堪以致产生防卫情绪的情况下，清晰表达出自己具建设性的不同意见。

生活中，对立的意见大多属于不同意见，极少有反对意见。

既然是不同意见，在表达以前，便没有必要坚定地认为“自己是对的，他人是错的”。因为非此即彼的思考方式，只会让我们更在意对错，却忽略了对于表达而言更重要的东西，比如，照顾到更长远利益的方案，更多朋友与同事的支持，更安全的人际氛围，充满了更多可能性的人生道路。

• 用论据阐述“肯定+更好”

正所谓，兼听则明。这里的“兼听”不仅指为了防止偏废而聆听多方意见，还指在输出意见的过程中做到求同存异，在更高维度上接纳那些与自己不同的意见与态度。

而想要做到这一点，更好的表达就是：肯定+更好。

依然拿前面的故事举例。

我们若将B经理的话按着“肯定+更好”的形式扩展，其话语就会变成这样：“虽然这个方案结论与我们上个月否定掉的结论有些相似，但这份方案还是有很多可取之处的。比如，提出了‘用户走向’

这个概念，给出了定义。光这一点，我就感觉非常有价值。同时，我认为，用户走向的提出最好有一定的数据支持，或者有不同年龄层的数据划分。这样一来，我们的用户走向就会更准确，你说对吗？”

这一扩展句式在运用时并不是只表达认可就行了，而是必须要有具体的指向与论据，即需要说出，到底是什么地方/观点是值得肯定、值得赞赏与保留的。

具体的论据可以避免肯定空洞化或者流于表面，使它变得更可信，而其更大的价值就在于，可以让对方意识到，你并不是在说奉承话或者解围话，而是真的在表达你对他的认可。而通过你的意见，对方也可以发掘出自我意见中的可取之处，并将之进一步扩展成更可靠、更有说服力的事实。

• 更谨慎使用强转折类词汇

在表达“你的意见可以变得更好”的不同意见时，一定要避免使用“但是”“可是”一类具有强转折意味的词汇，而应代之以“与此同时”“我的补充意见是”这样的句式。

原因很简单：“但是”与“更好”在语义上本就相互矛盾。

“更好”是一种递进关系，它是在对方的逻辑与观点基础上，延伸出自己“发展对方想法”的具体举措。

“但是”意味着内容的转折，它往往是在提醒对方，“你要注意了，我要发表反对意见了”。

可我们已经强调过，哪怕是在职场上，反对意见也极少出现，更多的是不同意见，所以，“但是”这类强转折词汇会干扰不同意见的表达——它只会让人感觉被否定了。

表 7-2　强转折词与延展式表达对比

带来对抗的强转折词汇	带来认可的延展式表达
但是	同时我感觉
可是	与此同时
不过	我甚至感觉
不管怎样	另一方面我认为
	我还发现；
	我意识到；
	我的补充意见是

从表7–2中可以看到，带来认可的延展式表达远比强转折词汇更多，这也意味着，只要你愿意，你就能够更轻易地选择认可式表达。

变幻一下句式表达，先肯定，再表达自己对对方意见的延伸与发展，这看似只是句子上的微小转变，可本质上是在意见输出的过程中，摒弃二元对立思维，站在“求和”基础上去讨论。而当你不再纠缠于非对即错的认知模式时，你的语言自然会变得平和，对方的接受度也会由此提升。

5. 突发性时刻也能提出好问题

在有准备的情况下，“提出好问题”这种事情估计很难难倒你。难倒你的，更可能是这样的情境。

你出席部门内部的重要会议，有人提出，对于新方案的协调工作，各个团队最好提前筹备，在合作期间，每周一天暂停日常工作，并将这一天用于团队工作的交流与协调中。由于你并没有参与这项合作项目，所以你理所当然地认为，自己并不需要参与此类话题，因此，你不仅事前没有做相应准备，更保持着茫然的“与我无关、只须听听就行”的态度。

可突击性提问就这样到来了，经理转向你，询问道：“怎么样？你对这个方案是怎么想的？”

同事提出了一项你并不了解的新方案，经理想要听的，是你表达反对或者赞同吗？

当然不是！他只是想听听你对这个方案是如何思考的，而他向你提问的目的，也是想要通过你的意见，来帮助自己清晰“是否赞同方案实施”的思维过程而已。因此，你必须要做的并不是说“赞同”或者“反对”等意见，“不知道”这种会降低你可信度与专业度的说法更不能出现。

想提出好问题，你就必须明确，自己对这项方案中不理解的部分有哪些。对方提出的是一个新的意见，它可能是彻底不同的观点，也可能是当下组织中未曾实施过的新方法，与它密切相关的一个现实是，大多数在场的人都与你一样，对这一意见处于“懵掉”状态。

提出好问题的十项原则如下：

（1）4W1H

一个好的新闻记者，往往会将“何时、何地、谁、做了什么、怎么做”这五大要素全部放入新闻标题中。这也是一个明证：4W1H其实是“信息的基础”。因此，在开口表达以前，你就应该明确自己要考虑的所有信息，一定要具备这五个要素。

“每周一天暂停日常工作，并将这一天用于团队工作的交流与协调中。”这句话中，4W1H要素是否全部具备？我们眼下了解的只有“何时”（每周一天）、“谁”（参与该项目的员工）、“做什么”（不做日常工作，转而进行团队项目的交流与协调）这三项内容。

对比4W1H原则，有关“在哪里”，是在“公司里”，还是在“某一团队所在地”，意见中并未表明；更不知道“何时开始”，也不知道如果这项团队协调该具体由哪个团队主导、管理（怎么做），所以，一个好问题要先是提出这些问题。

（2）为了什么目的

另一个W就是Why（为什么）也很重要。在提出问题时，“为什么”有两层含义：

◆ 询问目的，即一周规定一天这样的协调日，是为了什么；

询问根据，为什么这么有把握？一周规定一天这样的协调日，大家都同意吗？为什么这么有把握？

假定对方的回答是：“为了营造出和谐的沟通氛围，将员工有关该项目的最佳想法通过团队讨论的方式引导出来。”那么，你就可以质疑："为什么这样有把握呢？""为什么你认为这种方法可以做到？因为之前以多团队协作模式召开的讨论会议上，根本就是在浪费时间，因为大家都在争执谁对谁错，而不是在引导创意。"

（3）对信息展开提问

对他人给出的信息展开提问，或许也可以衍生出新的问题。比如，试着这样问："一周一天的协调日，让所有参与者都暂停一天的日常工作，这样是否会引发过大的内力消耗？那日常工作中不可避免、必须要当天完成的内容要怎么做？"

（4）探究必要性

即对方案进行"是否有必要必须进行"的询问，"非要一周一天吗？""每周抽出一小时不可以吗？"

（5）探究对方的数据是否正确与妥当

若对方引用了数据作为证据，便可以从数据入手，探究数据是否合理。比如，请对方提供数据的出处，以及该数据对于本组织的可借鉴意义、妥当性。"一周一天的讨论可以激发创意，80%的美国企业都在这样做，是否就意味着我们的组织同样适用？为什么呢？"

（6）验证模糊的用词

如果一时想不出任何"好问题"的点子，你可以提问对方模糊用词之处："所谓的理想方案，能否具体解释一下，到底是什么样的内容呢？""恰当的举措，包括了哪些行动呢？""适当的时间，是这个月还是下个业绩周期？是否有具体的时间范围？"

（7）引用相似但不同的例子

如果你知道有可以作为比较对象的"类似情况"，可以用来做比较，并提出问题："我听说A公司也做过这样的提案，但并未成功，你认为我们可以从哪些点改进，增进我们公司成功的概率呢？""B公司实施该方案期间，曾经遇到员工将这一日当成'偷懒日'的情况，我们要如何规避呢？”

（8）确认事物的两面性

每一件事物必定有其表面与内里，更有好与坏的正反面，确认事物的“正面”所带来的积极作用比“负面”所带来的副作用更大，也更重要。针对这一点，你可以提问：“一周一天用来讨论，是否会降低组织工作效率？这是否会造成得不偿失的情况？”

（9）询问契机与起因

有时候，了解提案的“契机”也非常重要，即为什么对方会有这样的想法，或许，对方是因为自己在团队协作的过程中遇到了某些问题，才会想要“一周一天进行协调”。对于这种必要的问题进行追根究底，有时候反而是让“协调不佳”彻底消失的根本解决之道。

因此，你有必要追问对方提议的契机、起因，从而了解提议者的想法及想法产生的背景。

（10）讨论为什么是这一时间

对方针对自己的提案，肯定给出了具体的时间点，那么为什么是这一特定时间？当下有什么必要的情况，一定要采取这样的举措？特别是在商务场合中，再好的想法若不是在恰当时机提出，很可能就没有任何意义。

“请给我一周的思考时间，想好了再告诉你。”在突击性提问的场景中，这样的回答明显是非常不恰当的。此时，你唯一可以做的，就是立足于建议的中心点，以彻底理解对方的想法为基础，向该方案的提议者提出好问题，以此来帮助上司、自己与同事更深入地理解意见。

6. 用具体取代抽象

在深度思考的过程中，抽象与具体是相辅相成的。抽象概念的提出，有助于思维的发散与创新。而抽象概念需要具体的形象来支撑，不然很可能会言之无物，甚至引发分歧。

如果你在会议中这样表述：

“我们未来必须要达成的目标，是为高质量顾客提供一流的服务。”

“眼下，想解决这一问题，我们必须全力以赴。”

那么，你的同事与上司很可能并不知道你要说什么：哪些人群是高质量顾客？做到怎样才算是一流服务？全力以赴又是什么概念？

抽象的东西很难让人理解与记住，同时它也使得人们之间的协调与合作变得困难起来，因为不同的人可能以截然不同的方式诠释抽象的事物，而具体化则帮助我们避免了这些问题。

• 抽象内容具体化是成功运作的前提

具体化的最大好处在于，它使抽象的内容变得可现实观察、能实例思考，并给了人们用于操作的建议性走向。这种可见的好处我们可以从“品牌形象”的运作这一实例中观察到。

“品牌形象”是现实生活中常见的、典型的抽象化内容，其是否能够具体化，往往决定着品牌的经营是否能够成功。

在当前市场上，人们对于某一品牌的概念理解都是一致的，一如麦当劳带给我们欢乐的感觉，迪士尼是梦幻的代名词，而LV则是奢侈品。这些品牌的概念往往是抽象的，唯有通过具体的形象表现出来，使具体的形象在消费者的脑海中形成了条件反射，建立起了条件记忆，才能直观而准确地传达自我创意理念。

围绕电影产业，迪士尼公司在筹建自己的主题公园时，最初将主题设计为“梦幻”两字。但“梦幻”二字是如此抽象，到底要如何将其在主题公园的建设过程中筹建出来?

迪士尼高层决定从具体的动画人物入手：公主、城堡等元素都是具体的资源，同时也是电影中的积极形象，而米老鼠、唐老鸭则以可爱的造型塑造出了童话中的幻想式动物。多种具体形象的资源，共同构建起了一个童话王国——在身穿漂亮裙子、住在恢宏城堡中的公主、王子等童话人物的引导中，人们在进入迪士尼乐园的那一刻，就如同进入了一个真实的梦幻乐园一般。

对于这种抽象内容具体化，美国思维构建心理学家卡罗尔•迪维克提供了自己的见解：如果你给出的答案，能够让人们凭借自己的感觉来审视某样东西，那么它便是具体的。比如，谷歌网站、本田汽车是具体的，而它们所提供的“快速搜索”“飞快速度”则是抽象的。

• 提供具体的例子与数字

将创意具体化，这种做法不仅对个人理念、想法的阐述与被接受有好处，而且它也是被理解的一个基本原则。不过，到底是什么让一样东西、一个内容变得具体起来?

大多数时候，“具体”被定义为特定的人做的特定的事：在美国著名百货公司诺德斯特龙所提供的世界顶级顾客服务中，“世界顶级顾客服务”是抽象的，帮助顾客熨衬衣、被称为“诺迪斯”的服务人员则是具体的。

那些并不了解你想法的人，更需要你将抽象的概念、想法通过例子或数字的方式具体化。想象一下，你正准备学习做一道菜，并为此而买了一本食谱，但书中这样抽象地描述道：“将汤加热至合适温度……”

所谓的“合适温度”到底是多少度？

只有作者给出“75度”“83度”这样明确的度数后，你才知道如何去具体做这道菜。

这也是抽象具体化的过程中，我们必须要重视起来的重要技巧：明确数字有着出色的具体化效果。

这就好比你在公司合作伙伴的甄选中表达意见一样：“A公司更符合我们的要求，他们的市场表现更好。”这样抽象表述，远不如具体数字来得更有说服力：“A公司在2017年1～6月，仅在软件开发这一主业务上，便实现了净利润6159.54万元，同比增长12%，与B公司相比高出23%——很显然，A公司运营更加稳定，是更好的合作对象。”

• 用具体行动代替抽象化词汇

具体的语言能够帮助人们更好地理解新概念，特别是对于创意而言，抽象是那些拥有精深的专业知识的专家们才能够享受的精神奢侈。如果你要将一个观念传达给一屋子的人，而你又不确定他们知道什么，那么具体化的语言才是唯一安全的选择。这就意味着，你必须规避那些模糊、无具体指向的表述。

在职场上，为了表明自我观点的高架设，很多人往往会在表达观点时，频繁地出现与动作相关的抽象表述，如“……的多样化”“强化……”“重新建构……”“再次组合……”“进一步推动”……如此，你想要表现自己“有想法”，但却未给对方提供将你的想法落实的具体行动。

要规避这一点，你必须在表述之前将自己想要采取或者建议采取的行动想清楚，最好以“三点法”列出来。比如，身为中层管理者的你想要向高层表明眼下公司内人才培养体制更新的必要性，你就必须要这样说：

“眼下，我们有必要通过三点对薪酬发放展开改革。”

“第一，为新入员工提供与能力相匹配的薪酬。”

“第二，实施老员工薪酬与绩效挂钩。”

“第三，对连续三个月绩效超出或不达标的员工，进行惩处。”

这样具体化的最大好处就在于，你从一开始便规避了将具体的解释丢给信息接收者去处理。只有让听者在接收信息时，意识到他们下一步要如何行动，你的表述才算是具体而准确的。

• 使用 3W1H 展开具体化描述

将抽象化内容转变成具体的描述很难百分之百完整，不过，我们可以通过3W1H法来尽量完善自己的想法。

3W1H法即我们之前提及过的5W1H法的简化。

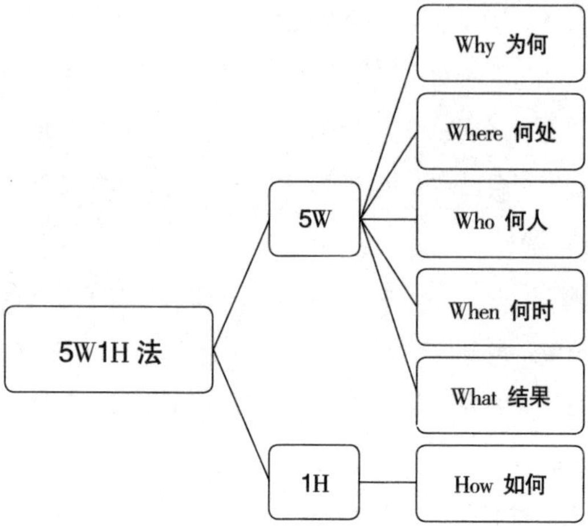

图 7-4　5W1H 法的构成图

在具体操作过程中，可以根据阐述重点在人、在物或是在地点的具体需要，按图7-4展示的5W里甄选出需要的W要素具体说明。

比如，上司向你征询新入员工A的表现。

抽象化想法往往是这样的："我感觉他很不错，人好，又爱帮助人，做事也很快，所以建议公司留用。"

用3W1H法化的话，便可以这样具体化："我感觉他很不错，每一次他看到同事加班时，都会主动帮忙；分配给实习生的工作，他完成速度很快，其他实习生要三个小时才能完成，他只需要一小时就能搞定。建议公司留用。"

后者便是运用了"Why + When + What + How"的方法来进行说明，增强了具体效果，同时也强化了自己的观点。

7. 演绎化讲述，提升认同概率

"演绎化讲述"是什么样的？举个简单的例子，在学生时代，老师们的表达方式即是典型的演绎化表达。

问：一个笼子里共30只鸡鸭，已知鸡的数量是鸭的数量的两倍，请问，笼子里一共有多少只鸭？

答：从题目中得知，由于鸡的数量 = 2倍鸭的数量，所以：

鸡的数量 + 鸭的数量 = 2倍鸭的数量 + 1倍鸭的数量 = 3倍鸭的数量 = 30

因此：

鸭的数量 = 10只

这种表达方式被称为演绎法。

• 演绎化表达：从前提条件开始讲述

演绎是一个从普遍到特殊的具体过程，即基于已知的普遍过程（大前提）带入一个特殊的前提（小前提），从而得出一个具体的结论。在图7–5中，你可以看到逻辑史上一个经典的演绎推理案例。

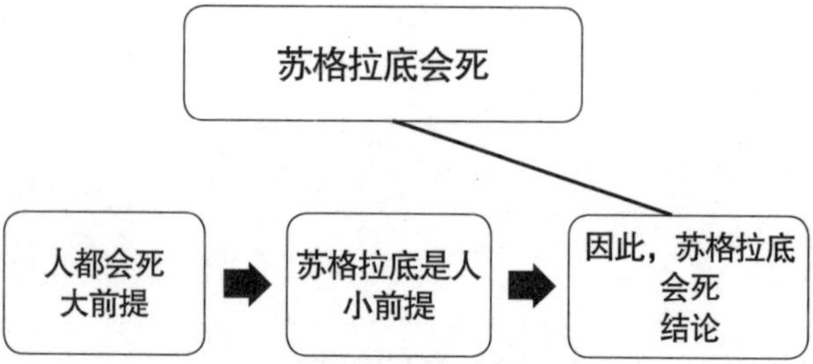

图 7–5　演绎法经典案例“苏格拉底会死”

演绎法最典型的特点就是，它从前提条件开始讲述，讲述的顺序是按着前因后果顺序展开，通过逐步推导得出具体结论。

• 了解演绎法的常用框架

在实际工作生活中，“大前提→小前提→结论”的经典演绎已经发展出了很多的实用逻辑框架。下面是一些在表达过程中常常使用的逻辑化论证框架，它们都可以通过有效的论证，实现个人观点的阐述与表达，增强他人对观点的认可程度。

◆ 此职业需要有A能力才能成功→你不具备A能力→因此，请学习并强化A能力；

◆ 该项目需要有A部分才能成功→眼下，你的重心不在A上→因此，请将重心转移到A方面；

◆ 你正朝着A发展→但B更符合/有利于你的整体职业规划→因此，请转向B发展；

◆ 你认为是A部分出现了问题→但其实B才是根本问题→因此，请转向应对B问题；

◆ 出现了问题/现象→问题/现象的原因是A→因此，请采用应对A的对策。

有意识地在实践中使用上述论证框架，可以快速地提升你的观点表达力。

• 运用 SCQ 演绎法提升他人的兴趣

演绎化表达还可以增强他人对你观点的兴趣，这一点在观点输出时格外有用。

比如，由于你所主导的项目进展不顺利，你希望上司派三名有三年以上工作经验的老员工替换项目组中的三名新员工，但是，如果你直接对上司说："我希望您可以派三名老员工将我们项目组里的三名新员工替换下来。"

上司可能会非常不满："怎么回事？让他们加入项目组，就是为了通过这个项目培养他们的工作能力，怎么突然有这样的想法？"

上司的目的是"培养新员工"，你的目的是"高质量完成项目"，你们的目的不同，对方根本就不想听"替换员工"这一话题，因此，你分析再多、理由再充分也没有用。

想要让他人对你提出的观点感兴趣，此时，用讲故事的方法将观点演绎出来就显得非常必要了，此时，SCQ法便派上了用场。

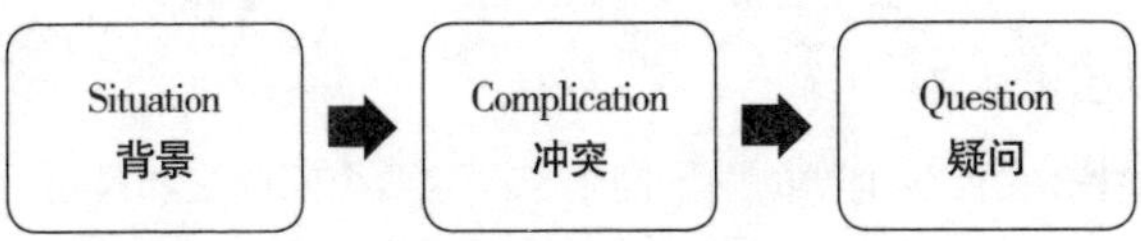

图 7–6　SCQ 演绎法

◆ 背景（Situation）

即事件发生的时间与地点，这是在向他人介绍观点、分析问题以前，都必须要介绍的、大家都认可的背景信息：先引出一个大家都没有疑义的观点，再引出自己的观点，这样做，观点的引出才会有起伏，进而达到应有的效应，即让对方明确冲突所在。

◆ 冲突（Complication）

即中间发生了什么，一个问题是否能够引发他人兴趣，关键就在于，是否能够有效地设计冲突。

而在演绎法中的冲突则是指，在之前提及的特定背景下，会产生怎样的冲突，而这样的冲突又导致了什么样的结果——此时，听者就会对这一问题产生兴趣。

◆ 解答疑问（Question）

即听者听了你的背景与冲突以后，产生了什么样的疑问。也只有对此疑问进行有效解答，对方才会感兴趣听下去。

将这一方法运用于我们刚刚所说的“替换新员工”这一话题上，你便可以设计一个能够让老板对“替换新员工”这件事情产生兴趣的有效冲突。有了疑问，他便会愿意听下去。

1）设置背景

“经理，目前项目出现了两个问题，一是项目进度滞后了一周左右，二是项目成本已超支20%。”

不管是进度还是成本，都是管理者最在意的，此时，你已经通过陈述事实，获得了上司的第一个认可。接着，便是引出冲突。

2）引出冲突

为什么会产生上面的两个问题？“这两个问题主要是由3个原因引起的，一是大多数部门没有标准历史成本数据记录，二是各部门配合度不高，三是项目组成员经验不足。”

3）解答疑问

“数据记录与部门配合度，都可以通过老员工的进入来解决：一来，老员工有数据整理经验，可以指导各个部门有效展开数据整理；二来，老员工有人脉优势，他们能够利用自身的人脉说服各部门投入人力，追赶项目进度；而且，老员工的进入，可以有效避免追赶进度期间，再次发生因经验不足而导致的进度再延迟与成本再超支问题。”

此时，再一次点明自己的要求即可：“因此，我申请三名老员工进入项目组，替换组中的三名新员工。”

从上述过程中可以看出，使用SCQ的方法，你成功地向自己的上司陈述了一个他并不愿意接受的事实。

• **演绎法使用的三大规则**

不管你运用SCQ式演绎，还是“大前提→小前提→结论”式的演绎，其实都有其特定规律在其中。

依然拿申请替换员工的SCQ式演绎来做例子，其前期思考应该如图7–7所示展开：

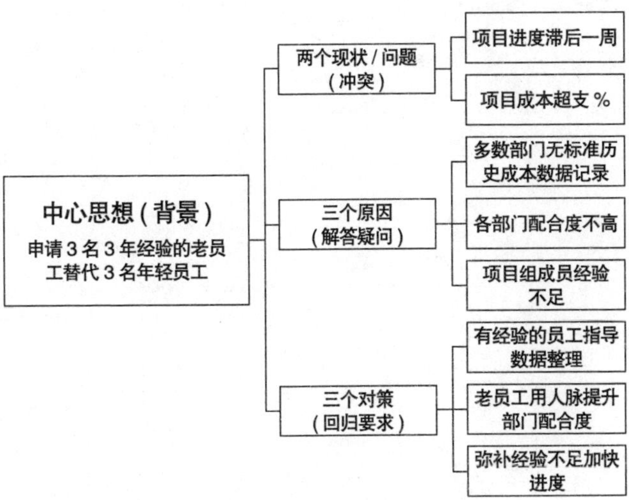

图 7–7　申请替换员工的 SCQ 演绎实例

在上图呈现出来的思路中，一直遵循着三个规则。

◆ 任意一层的论点，都是下层论点的总结

第二层的“问题”“原因”“对策”完全是围绕着请“老员工替代新员工”这一“中心思想”（背景）的论点展开的。

◆ 同一层的论点永远具备相同特性

第二层的“问题”“原因”“对策”其实是同一逻辑论证框架下的不同组成部门。

◆ 同一层的论点，需要按着一定逻辑顺序排列

第二层“问题→原因→对策”的逻辑论证框架是一个完整且无可挑剔的逻辑演绎框架。

可以说，使用演绎方式呈现出来的论证过程，不仅逻辑严谨，且推导出来的结论唯一化，只要演绎中的每一个环节都是经过了充分考证后的真实情况，那么它便自然而然地带有极强说服力，听者认同的概率便会大大增强。

8. 让观点以“倒金字塔结构式”发展

从上节中我们可以看出，演绎式讲述的表达是从前提条件开始，按着事务的前因后果出发，通过逐步推导得出结论。

可是，这种表达方式最大的不足就在于，它需要对方在同一时间去理解、接受的问题与策略太多，大大增加了对方对问题的把握与思考难度。这便引出了输出观点时的两个重要问题：你的听众是谁？输出观点的目的是什么？

• 清晰听众，才能选对表述方式

一般情况下，听者对你的观点只会持“怀疑”或“接受”两种态度。

就如同我们在上一节中提到的“申请用老员工替换新员工”的例子一样。管理者并不知道为什么一定要替换，他本身就是对这种行为持怀疑与不接受态度的，此时，便应采用事例论据切入的方式引导听者的思路，将论据详细而合理地娓娓道来，最终表明观点。

这种方法可以方便听者使用客观的态度去考虑、接受观点，最终认可你的观点，而过多地表述观点，只会增加对方的反感。

但是，若听众本身就了解事实、清晰过程，浪费太多口舌去摆事实、讲道理，则属于赘述。因此，对于此类听众，结论先行才是最重要的，然后，再进一步阐述事情的理由，强化对方对你观点的接受度。

• 结论先行，沟通更高效

想象一下：你要给客户进行一场营销策划汇报，此时，你的目的就是打动客户，拿下这个项目。而想要达成这个项目，你就必须要考虑到客户的需求。

此时，我们将演绎法与“倒金字塔式”阐述进行对比：

◆ 你从市场环境、竞争对手、国家政策……长篇大论一通，半小时后才得出对应结论。

◆ 你一开始就告诉对方：我们的方案，可以让你们网站的访问量在3个月内增长200%，且不回跌。

很显然，对于客户来说，他们更乐于接受第二种输出方式。因为他们不想在你描述具体事实时，还要搜集资料，不断地揣测你给出的到底是什么样的方案。

因此，如果你的目的就是输出并说服对方接受你的观点，那么先说结论，明确地提出自己的需求，减少对方的理解成本，不仅可以让对方更乐于倾听，使整个沟通更顺利，也能帮助对方将注意力集中在问题上，从而增加对方给出好建议的可能性。

• 倒金字塔模型，最有效的“结论先行”模式

倒金字塔模型即颠倒过来的金字塔：先说最重要的结论，接着说出“第二重要”的内容，通常此时会伴随性说明造成结局的理由与原因，然后是第三重要的内容……以此类推，从大事到小事，按着事情的重要性陈述。

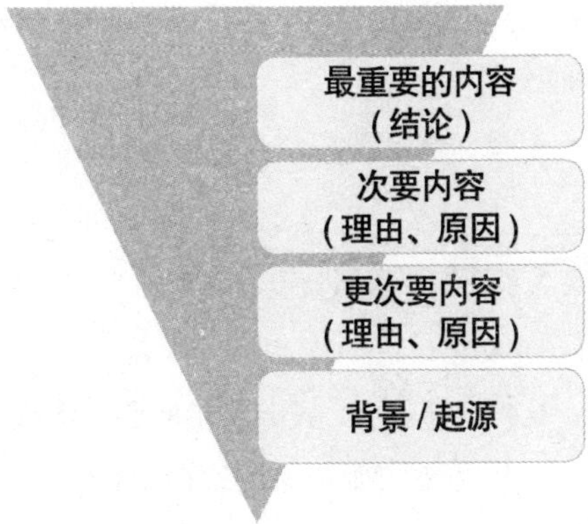

图 7–8　“倒金字塔”式观点输出结构

图7–8展示的倒金字塔式观点输出结构，是一种电视、报纸等媒体在报道时常用的观点输出方法。不仅如此，更有人将之视为不会引发误解的最佳沟通渠道，因为只要开宗明义地指出事件的核心讯息，在第一时间便提出结论，就可以让对方快速了解内容，不致产生误解。

更重要的是，该方法在讯息传达、体现个人思维能力方面，也远胜过其他方法：在必要的情况下一开始便先说出最重要的内容，接着再慢慢铺陈细节，即使对方不懂专业用语，也可以一开始就抓住重点，因此，在商务场合中，该方法被广泛运用于汇报、企划书、邮件写作过程中。

• 关注需求，减少沟通障碍

成功的观点输出，首先需要清楚自己到底要讲什么。“倒金字塔”的重点并不仅仅在于“先把结论拿出来”，而是要结合自己与对方的需求，立足需要出发展开对话。

这就意味着，你在确定问题、明确重点、搜集材料、展开分类的基础上，选择出最适合对方的论点，而不是一厢情愿地认为，自己准备好的一切，对方都需要去听。

认为自己准备了，对方就得听，这种情况其实在开会时很容易出现。

某公司曾经为了迎接专家到公司进行专业方面的某个认证，特意组织员工召开了一个动员会。

照理来说，这样的动员会，员工最想知道的就是，这件事情对他们有什么样的好处，他们要如何去做，不那样做的话会有怎样的后果。但公司某些管理者却在会议上大谈特谈自己的管理理念。

这样的会议除了会让人在台下大打呵欠以外，根本起不到会议应有的作用。若这种情况转变成两个人的沟通，恐怕你话还未说到一半，对方早已找借口溜掉。

因此，想要更好运用倒金字塔模型，你就必须要在沟通以前，先运用图7–9中的模型询问自己下图中的问题。

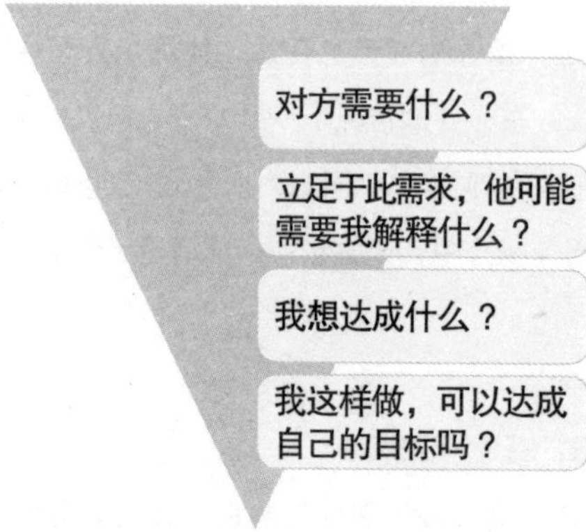

图 7–9　建立在倒金字塔模型下的需求询问

先关注对方的需求，这样，他才能感受到你的尊重与接纳；了解对方不清楚的部分并加以解释，这样才可以减少沟通障碍，同时也可以帮助你准备充分，不至于因为一个概念、一项内容的模糊而在沟通中失分。

最后，你也需要关注到自己的需求：这是在尊重自己，同时也是在为你与对方关系的良性循环做好铺垫，因为唯有共赢，才能帮助我们走得更远。

使用倒金字塔来阐述观点，不仅能够迅速让对方明白你话语的重点所在，同时还可以让你建立起有效率的个人形象：当你输出观点的对象处于忙碌状态、没有时间听你“慢慢说”时，倒金字塔式观点输出便能够以最有效率的方式，达到传达信息的目的。

SIKAOZHISHENG

第八章

日常化运作，让深度思考形成条件反射

想要摆脱人云亦云，你就必须提升个人深度思维能力，并从日常知识的碎片中，提炼深度思考的脉络，形成个人思维体系，真正促使自己成为一个很有想法的人。

1. 把闲置的想象力用起来

想象力是一种可以促使人们预想不存在的事物的独特能力，它可以成为所有发明与创新的源泉。与其他能力相比，想象力是一种可通过锻炼不断丰富的精神力：你可以通过不断地将意志力运用在某个事物上，给予它丰富的细节，便可使它发展成一个新的存在。

与人们所熟知的“经验会谋杀想象力”不同，成年人在想象力上从来不会输给儿童，而且往往想象力更显磅礴大气：儿童是不可能创作出诸如《三体》《黑客帝国》这样拥有世界影响力的幻想大作的，因为成年人本身所具备的知识与逻辑力，杂乱无章的想法才能够汇聚成一个体系完备的幻想世界。

就像深受人们喜爱的《哈里·波特》看似就是一本结构复杂的童话书，但事实上，它与成人魔幻小说《指环王》一样：需要作者具备丰厚的知识作为基础。罗琳与托尔金两位作者不仅拥有着自成体系的完善世界观，同时还皆对欧洲神话拥有相当程度的研究——在他们的小说中，各种魔法、各大种族甚至是一件小小的道具都不是胡乱想象得来的，而是符合一定的历史传统。

所以说，最出色的想象力从来不是信马由缰的，更不是完全自由的，因此，我们需要明确这样的事实：最高级的想象从来不是自由的。那种“如果人人头上都长出了角会怎样”的完全虚拟式想象对于培养深度思考力毫无意义，你的想象必须要建立在一定的知识界限范围之内。

因此，你在重启想象力时，必须要明确这样的前提：你的想象力是为了培养深度思考能力而来的，你需要让自己的想象与实际相联系，因为对于说不通的东西，人们不感兴趣，同时又对你提升深度思考力毫无积极意义。

• 去培养有意识的想象力

想象力有两类。

◆ 初级的想象力

它们往往类似于孩子们的单纯想象，即只提出“如果”类的自由想象。“如果我有翅膀该多好”“如果我把葡萄籽吃到肚子里，会不会长出葡萄树？”这一类的想象其实就是初级的想象力，哪怕想得再多，对思考力也无任何启发性意义。

◆ 有意识的想象力

有意识的想象通过将自己所见、所学习的事物，不断地融入想象过程中，进而催生出新的想法与见解来，这种想象是步步为营、以知识为基础得出来的，而不是天马行空的空想。这种高级的想象在现代文学作品中非常丰富。

而想要培养有意识的想象力，你就必须要广泛涉猎，丰富知识经验。这就意味着，不仅学习专业知识与专业知识相关的科学知识外，还要有广泛的兴趣，特别是阅读各类文学书籍：文学作品与艺术作品是想象力的学校，你阅读得越多，你了解得便越多。

此外，生活经验的多寡也会影响到想象的深度与广度：丰富的生活经验是个人想象力提升的重要因素。因此，你应该广泛地接触、观察与体验生活，并有意地在生活里捕捉形象、积累素材，为培养有根基的想象力创造良好的条件。

• 用想象培养先见之明

我一位朋友曾经在某家公司新员工培养部门任职，那时，他正在处理一件为50名新进员工安排实习期间的工作场所的事情。这些员工是公司特意从“211”工程院校招来的高才生，眼下的任务，就是让他们先学习与专长相搭配的各类工作技巧。

由于新员工并不需要按特定职位分配，所以朋友先将这些人的个性、能力以及其他的基本进行了逐一的对比，最后，采取了如下的方法：在看完他们的资料以后，他便先在脑子里将他们想象着安排到了不同的地方工作，然后，尽可能将他们在工作场所中执行职务的情况想象出来。

通过不断地重复运用想象力，终于，适合每一位新进员工的工作，一一清晰地浮现在了管理者脑海里。

由于受分配范围的限制，并没有真正地实现每一个人都如他所愿地去往他所安排的地方，但从日后的工作情形来看，这已经是一次令人相当满意的配置了。在这件事情中，想象力可以说扮演了重要的角色。

这便是重启闲置想象力的一个重要技能：在实际的工作中，立足于当下的需求，去想象未来的情况。就如朋友一样，根据新员工的资料预测出他们在未来的职业情况，看到他们的能力与可能性，进而想象他们的具体职场安排。

• 少用批判性色彩的词语

由于常常接触互联网，所以我总是可以接触到各类新观点与新的做事方法。刚开始时，我对这些自然是有抵触心理的："这些观点根本不能对我的工作产生任何帮助。"可是，随着越来越多的人使用互联网，很多新的交流方式、研究方法出现了，而这些成为我诞生创意去解决问题、完成任务的主要来源。

如果你想和我一样，就应该为自己开创一个鼓励想象的工作空间。比如，你不应经常使用带判断色彩的词语。

表 8–1　这些词语，判断色彩太明显

我感觉那样不行	我们没有时间去做这样的尝试
我从来没有见过那样做的	听起来代价太大了
这样不好	现在的做法已经很不错了
我不同意	听起来真是荒唐
你是不是把事情太简单化了？	按老规矩来吧！
我没有看到这样做的价值在哪里	

当你使用上述词汇或类似词汇进行事物的评价时，你其实已经放弃了对它的想象。因此，不要急于评价，更不要尝试着在想象阶段就判断它的具体价值——此时，你应该做的，就是去尽可能地想象它们在现实事件中的落地。

改变这种判断思维的最好方法就是，每一次面对问题时，你都可以按着表8–2的方式想象它的创新之举。

表 8–2　能激发想象力的问题

我可以做出哪些改进？
这些改进有可能带来哪些结果？
还有什么是可以的，或是能够改动的？
如果这一想法可行，那么，我是不是可以将它用在其他领域中？

大胆想象，小心尝试，你便会发现，自己的想象力在现实操作中逐步地获得了提升。

这也是使用闲置想象力的最重要一点。很多人每日都沉浸在消极的自我对话里，常常告诉自己：“这超出了我的能力范围。”“这不是我擅长的事情。”更有甚者，对于少数人来说，哪怕想象稍有偏离，他们也会暗示自己：“把这种想法说出来，别人一定会认为我是傻瓜。”

减少消极的自我对话是激活大脑、开发想象力的关键，你必须学会更有效地面对挑战，更要经常告诉自己：“在想象力方面，在解决问题方面，我今天比昨天强，明天又将比今日更好。”

2. “为什么”是深度思考的推进器

学会询问为什么，会让你不断地推进思考深度。我们可以从亚马逊CEO杰夫·贝佐斯的经历中看出这样做的重要性。

在2004年时，贝佐斯率领团队在亚马逊运营中心展开视察。

视察过程中，他听说中心发生了一起安全事故：一位同事在传送带上被弄伤了手指，甚至有无法再接续的可能性。

听到这个可怕的事故后，贝佐斯向相关人员询问了五个问题，以调查事故的原因。

问题一：为什么这位同事会弄伤手指？

回答：因为他的大拇指被传送带卡住了。

问题二：为什么他的大拇指会被传送带卡住？

回答：因为他的包落在了传送带上，他在追他的包。

问题三：为什么他的包会在传送带上，他又为什么要追着他的包跑？

回答：因为他把包放在了传送带上，然后，传送带意外开始工作了。

问题四：为什么他会把包放在传送带上？

回答：因为他把传送带误当成放包的桌子。

问题五：为什么他会把传送带当成放包的桌子？

回答：因为他工作的地方附近没有可供放包与其他私人物品的桌子。

导致这起可怕的事件的根本原因找到了，而这也意味着会引发下一次类似事故的潜在危险也被解除了。

乔布斯曾经在斯坦福演讲，告诉年轻人要“保持饥饿，保持愚蠢”。很多人都认为，这句话是在告诉人们对未来保持谦虚的态度，但在我看来，这更像是乔布斯身为一个成功的企业家对个体思维方式的警告：只有保持对未知一切的求知欲望，才能获得更深远的发展。而学会询问“为什么”，则是让这种求知欲望转化成深度思考的关键所在。

• 明确所有的问题都有原因

我们在看到任何一个现象或者问题时，都应该明白：这一问题之所以存在，一定有一个导致它的直接原因。比如那个著名的问题：“为什么杰斐逊纪念馆的外墙斑驳陈旧？”

杰斐逊纪念堂坐落于美国华盛顿，是为纪念美国第三任总统托马斯·杰斐逊而建的纪念堂。多年前，纪念堂前的石头受到了严重的腐蚀，维护人员为此大伤脑筋，而游客们也纷纷抱怨纪念堂长期失修，未得到相关部门的重视。

下面是当时的问题清单：

1）石头被腐蚀；

2）游客抱怨；

3）维护人员花大量的时间清洁；

4）纪念堂的外观达不到标准；

5）清洁成本在上升。

想象一下，如果你是负责维护该纪念馆的主管，你会如何处理这件事情？答案可能很明显：更换掉那些影响外观的石头。但是，当对比使用该类石头所建成的其他纪念堂并未被腐蚀的现实时，你会发现，为什么只有石头会被腐蚀得如此严重，才是最关键的问题。

“因为清洁工常常使用清洁剂进行全面清洗。”这就是它的“直接原因”。

当然，直接减少清洗肯定不现实，如果想要达到“治标又治本”的效果，你就必须要继续追问什么。

“因为有很多鸟在这里拉屎。”

“为什么这里有很多鸟？”

“因为这里适宜虫子繁殖，而这些虫子是鸟儿们最爱的餐点。”

可以看到，这些就是导致直接原因的“间接原因”。不过，我们要寻找的是“根本原因”，因此，要继续问：“为什么这里适合虫子繁殖？”

“因为那一排窗户透过的阳光将房间照射得很温暖，很适合虫子繁殖。”

原来，那一排没有安装窗帘的窗户，才是导致外墙斑驳陈旧的根本原因。那要如何解决？挂上窗帘，问题就不再是问题了。

我们需要寻找的是一个真正可以有效解决问题或者解释现象的原因，至于哪一个是你想要的，可以从追问五个“为什么”开始。

从问题出发，不断地追问“为什么”，告别直接原因，路过间接原因，最终找到根本原因，或者最佳原因。

• 明确 5why 追问的要点

5why式追问法，从表面上看很简单，只需要不断地提出“为什么”就行，可事实上，真想运用好这个问题，通过它来实现深度思考，一点也不简单。

◆ 提出正确问题是5why运用第一步

拿我们在前面举出的例子来说，因为没有置物用的桌子，一线员工的手指被机器碾压，如果此时贝佐斯提出的问题是："为什么他会那么不小心？"问题就变成了"如何提升员工安全意识"了，这在一定程度上会规避此类事故的发生，但根本原因未曾解决，隐患也将一直存在。

追问的方向一旦错误，自然走不到揭开真相的那一步，因此，提问题要一直面对根本原因。

◆ 区分原因和接口

如果当时贝佐斯问，为什么"这个员工会受伤"？他人给出的回答是"因为他的大拇指被传送带卡住了"。如果接着问："为什么他的大拇指会被传送带卡住？"员工回答："因为这个员工就是个经常犯低级错误的蠢货！"

那么，事实就会被情绪给带歪——客观原因与主观借口之间存在着巨大的差别，一旦将回答由"客观原因"转变成了"主观借口"，那事情根本就不会被解决，而是会被简单地归类为当事人的错误。

再拿一个更简单的问题来说：如果你是商场管理人员，有小朋友在商场摔倒，其家长前来投诉，一般人的思考往往按图8-1的方式展开：

图 8-1　商场有人摔倒的无效思考

这种将"主观借口"当成"客观原因"的实际应用其实在现实中经常遇到。而你需要做的，就是确保自己的问题按着下面的路径继续下去。

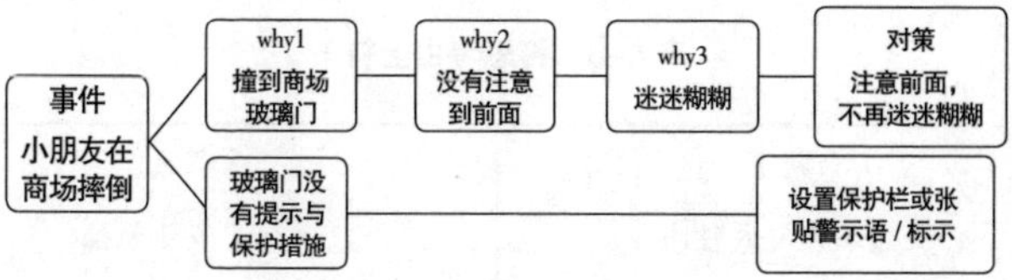

图 8–2　商场有人摔倒的有效思考

这便涉及“如何让回答不偏离‘客观原因’”。当你发现，自己的“为什么”已经不是在解决问题，而是在推卸责任时，不如停下来，试着让自己回答图8–3中的几个问题。

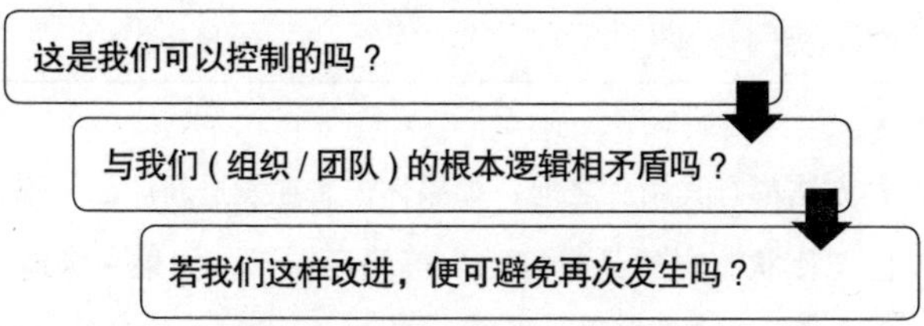

图 8–3　辅助寻找客观原因的三问

这也正是用“为什么”促进深度思考的关键所在：你必须先夯实两个基础，在提问以前先厘清问题，把握好现状；在提问时，躲开借口、推脱与无效回答等陷阱。然后，再连续提问，使自己找到根本原因，这样，就可以看到问题的最终答案了。

• 用“为什么”转变“头朝下”的状态

我们都曾经听很多忙碌的人说过，他们为了某项工作忙得“头朝下”：在专注于该工作期间，他们太过于集中精力，以至于屏蔽了所有外部世界的信息。而用“为什么”来打开深度思考的过程中，第一步就是要让自己从“头朝下”转变成“头朝上”。

你可以从表8-3中比较一下这两种状态。

表 8-3 将思考由上转下

头朝下	头朝上
关注工作完成时间	关注更多可能性
屏蔽干扰因素	接受新事物
避免受到外界影响	欢迎外界影响
只专注于执行	专注于好奇心与意识水平
做好各项工作	质疑一切
着眼于现在	放眼未来
询问"是什么"	询问"可能是什么"
按时完成任务	发挥想象力

两种方法都有其用武之地：如果你忙着在发送新产品，那么"头朝下"的工作状态当然是最好的。可问题在于，如果一味地"头朝下"工作，你就很难有时间去探究事情背后的真相，同时也很难找到新的问题解决方法与创新的途径。这是一种只专注于当下任务的浅薄工作状态与思维习惯，一旦习惯它，你便很难转换成深度思考模式，而想要在两种模式间反复转换，就会变得更难。

如何让自己从"头朝下"转为"头朝上"？最好的办法就是使用5why法。

问题的解决永远依赖于我们对问题的认识。比如5why就是要求我们碰到一个问题的时候，万万不要急于出手解决，而是强迫自己坐下来，冷静地想一想"这是为什么呢？"，持续不停地追问，问五次，直到找到问题的最深层原因为止——只有掌握了问题的真正原因，才能真正彻底解决问题。

3. 养成下意识记录问题的习惯

为了培养深度思考能力，我们常常会看报纸、专业资料或者阅读杂志，但很多人在阅读的过程中，却往往会忘记做记录。有时候，即使发现一些内容让你发出“就是这个”的惊叹，但若未能把握时机记录下来，那么大多数情况下，它都会消失得无影无踪。

这便反映出了一个与思维深度切实相关的问题：有时候，并不是我们没有好想法，或者没有深度思考，而是在构思与问题有可能向着更深入的方向发展时，因为未能及时记录，而导致流失了深入思考的契机。由此来看，及时记录下来，这种态度对思维能力的培养是百利而无一弊的。

爱迪生便是一个记录狂，他一生所留下的笔记与日记本多达500万页。

爱迪生之所以能不断地想出创意性的构思，其原动力都在于他的日记本。爱迪生的日记本并不是单纯地记录一天的事情，而是一本记录关于发明的所有信息和构思的“点子日记本”。他记录东西没有特定的形式，只要想出点子就会在白纸上写下来，绘图和设计模型也被画在这个日记本上，包括可以实际实施构思的技术性想法也都记了下来。在将自己每天研究的内容记下来的同时，他也把失败的事例记了下来，甚至产品的开发过程和生产过程都有详尽的记录，让研究人员们在进行开发工作的时候可以随时参考。

在爱迪生的发明创造过程中，他的记录形成了一种“构思的流动性”：他将自己的点子日记本放在研究所里，让研究人员们可以随时去翻阅它。爱迪生在点子日记本上写了什么东西，研究人员们就会去进行研究和实验，找出能具体实现这一发明构思的方法。也就是说，这个日记本在爱迪生和研究人员们之间形成了一个链条，使他们能够相互共有信息和技术。

爱迪生还在研究所的每个房间都贴上发明项目的主要内容和进行事项，不时地去调整其过程。就是通过“点子日记本”和“构思关联”的方式，爱迪生才能与1万名研究人员们一起取得超过1000项的发明专利。

不仅仅是爱迪生，事实上，很多出色的企业家也有记录的习惯：引领三星电子飞速发展的前社长尹宗勇便是一位记录狂人，也正是通过他的有效记录，三星得以明确了以通讯事业、半导体事业与IT事业为发展主线的未来发展原则，进而成为如今能够在全球范围内与苹果抗衡的对手。

互联网时代，我们的思维日渐零散化：由于时间碎片化的影响，虽然我们接触到的信息越来越多了，但人们并没有因此而变得更理性、更智慧，原因就在于，我们未能正视书写与记录所带来的积极意义。

• 想到、写到与做到是事情的三个层次

仅拿职场来说，从一无所知的新人，到熟练工，到思考者，再到独当一面者，其思维方式与思维深度一路升级，不写出来便直接执行的人，其在工作中的天花板往往就是熟练工，很难上升到思考者的阶段。

想到、写下来、做到，其实是做事的三个层次，而学习、记录、实施，也是执行的三个层次。

你听了100段知识声频，看了上百本知识书籍，但如果只是停留在听与看的学习阶段，那离你真正地改变自我行为还有很远的距离。

只有将学习到的知识、遇到的问题试着写下来，再讲出来，你才有可能在日常生活中运用起来。这也正是为什么许多知识管理专家们都强调“记笔记”“做记录”的原因：做笔记其实是一个使用自己的思维与语言来阐述个人所学知识的过程。在这个过程中，你剔除了对自己无用的，留下了有用的，并连接到了自己已有的知识结构中，个人思维也会得到深化，才有可能做到知行合一。

很多时候，我们的脑袋里会灵光一现，蹦出一个想法，然后自己开始天马行空，想着想着就想到自己要改变世界了一样——完全的空想会跳过诸多的现实步骤，可这些细节往往才是决定成败的关键，在这种时候，你需要将这些想法落实到纸面上。

此时，你记录的过程就是一个对个人思维进行梳理的过程，你会从中慢慢地发现一些漏掉的细节，同时也会从中审视，自己是否犯下了常犯的思维错误。这也恰恰是记录所带来的另一个好处：从脑袋到书面，它让你“看到”这件事情。当问题摆在你的面前时，将错误修正、将漏掉的细节补上，问题才有可能被解决，想法才会落实成成果。

• 在日常生活中养成记录的习惯

如何才能促成自己养成记录的习惯？你可以从尝试着写开始。

◆ 养成“记”的习惯

我们所说的“记”并非巨细无遗的严谨记录，而是要你轻松、随意而不费事地记下来即可。写在哪都行，笔记本、便利贴、看过的书的空白页上、记事本上甚至是手掌心上……任何地方都可以。

你是为了追求“动手”的效果，所以并不需要追究到底要将想法写在哪里。只要动手写了，通常都会留下印象，也更容易想起来。记下来也并不是要说写得多仔细、多正确，只需要记下重点即可。将记下来的小纸条夹在记事本里，放在书桌上，必要时，放在最显眼的地方提醒自己。

写问题备忘录的方式往往因人而异，不过，简短的记录最有效。有些记录可能只有一句知，但你肯定有这样的经历：光看这一句话，就可以将当时所有的想法都引出来。

◆ 准备一些更好的记录工具

为了使“写”这一动作产生更多积极作用，我们必须要重视起“写”的工具，你可以购买一些自己喜欢的笔与本子。写在实物上可以让他人看到你的思想，同时也会更有效地提醒你。

大部分人写东西时都会使用黑色墨水的笔，不过，为了让记录更有意思，你可以使用多色笔来记录。

同时，善用图像、绘画的要素也是不错的选择。一般人都会选择用文字做备忘录，下一次，你可以尝试着用绘画的方式——不要担心画不好，只要你知道它们的具体含义即可。

◆凡事都给自己留下记录的冷却期

工作与生活中遇到问题时，不要太过想当然，而是最好给自己三分钟的时间，掏出你的笔与本子，将你的想法/问题以“一、二、三”的方式列出来。写不仅可以让你明确下一步有效行动，同时也会有利于你发现问题、产生新创意。

当然，在这一过程中，最忌讳的就是语义不明：以语言来说，有很多表达方式都是暧昧不明的，既然写的目的是为了“明确”，那么，暧昧不清便是大敌。因此，你一定要用字清楚、明确。

当然，你费力记下来的东西可能一点忙也帮不上——此时，就放弃它就好了。我的抽屉里就充斥着无数陈旧的备忘录，有些甚至看上去只是毫无用处的只字片言。对于此类信息，只需要将它们看成养成习惯性记录过程中产生的一些废弃试验品即可，没必要太在意。

4. 远离浅薄，走出别人设定好的文化框架

什么是他人设定好的文化框架？在当下，最流行、接受度最高的文化框架便是鸡汤式正能量。

正能量是我们冲破现实挫折、冲向更美好生活的必要能源，但鸡汤式正能量最大的问题就在于，它们一直在宣扬，只要怀有积极的心态，只要你按着某一轨道或指导方法去行动，你就一定会成功。比如：

“李嘉诚给年轻人的十句忠告”；

“马云的25句话请仔细看一遍，可能会影响你一辈子”；

“唐骏说，我的成功可以复制”；

……

这些真的一点可取之处都没有吗？也未必。它们中的大部分内容，都能够让你产生热血沸腾之感，但等你冷静下来以后，就会感觉到不对劲：它只给了你一个简单粗暴的大道理，却掩盖了大部分的事实真相，让你误以为“只要努力就能成功”，“他人的成功可以复制”，“没有成功，只因你内心不够强大”，“孑然一身，只因为你不够优秀”……

可通往成功的路何其艰难复杂，鸡汤式正能量无助于你解决遭遇

的现实问题。

• 暂停下来！

在心理学上有种说法叫“谄媚效应”，大部分人更愿意相信那些让自己看起来更正面、更积极的事情，因此，我们乐于从阅读、视听中得到好的结尾，至少它们会让我们感觉生活还是美好的、希望还是有的——这也是鸡汤式正能量存在并泛滥的最重要原因之一。

虽然你接受的外来内容未必都是鸡汤式正能量，但它却是由他人主导、引诱你进入的一种典型式文化框架。规避它们的方法也很简单：当你发现自己看过一篇文章就开始激情澎湃，听了谁的讲座就准备投资某一领域时，千万记得停下来，给自己留出思考的时间——许多人终其一生都受激情的操控，导致自己做出了错误的决断。你所要做的，就是要首先让自己远离这种激情冲动。

如果你没有给自己留下思考的时间，最终，世俗的智慧与他人的价值引导就会取代你的思维能力。

• 质疑他人的设定思考方式

借鉴他人的经验是一种捷径，这种捷径是有趣的，也是容易的。但就如同生活中的捷径一样，它对步行去工作有好处，但却不利于思考——智力的捷径意味着你根本没有思考的基本事实，你对你的想法与理论的基础未形成充足的思考，而这是典型的智力懒惰，它纯粹又简单，换回了你浅薄的认知与日渐单薄的精神世界。

现在，想一下：为什么你一定要按他人所说的方式思考？为什么不能对比自己的真实生活，反思一下自己现实情况是否真的适合他人所说的内容？将这些因素应用到你的情况中：

你有房贷要还，有孩子要养，一场说走就走的旅行未必适合你。

老板的确爱口出恶言，但并未到你要“甩他一脸文件，转身潇洒离开”的程度，更何况他虽然口出恶言，却有超众能力在身，并提供了优厚薪水；与长足的发展空间相比，偶尔的言语风暴反而不再那么难以忍受了。

你手中的流动资金有限，根本没有必要将之投入股市，因为赚了你的生活或许会更美好，可一旦赔了，你的生活品质注定会立马下降。

不管读书、看报，还是看电视，你都必须要意识到，作者未必是正确的，他们往往是带有一定目的性的，要么想要读者认同他们的观点，要么是为了炒作吸引眼球。

分析自己的实际情况，不要依赖于他人为你着想——他人构架内容时，想的永远是如何为自己获利。

• 越是权威，越要警惕

在面对专家、权威意见时，我们往往会显得更无抵抗之力，有些人甚至会对此类人物或机构的意见全盘接受。

为什么我们会对权威如此盲从？原因就在于他们所带来的群体性效应：在他们的周围早已形成了一种光环效应与群体效应，通过对权威的认可与模仿，个体与个体、个体与权威之间形成了积极意义上的联系，心理学上，将之称为“羊群效应”：我们会追随大众的选择，以增强群体带来的安全感，减少独行所带来的孤独感。

可这种“羊群效应”恰恰是个人思维日渐浅薄的关键，它们会让你陷入“别人说什么就是什么、看到什么就认为是什么”的认知观中。只有依靠于个人理性，对所接受到的信息进行再思考，你才有机会形成自我观点。

• 更谨慎地去推理

你需要更审慎地去推理一个断言是否为真。与“想当然”的思维方式不同，你需要依赖于自我理性，对自己所接收到的信息、自己由此得出的断言进行再思考。

比如，当你遇到一个问题，网络搜索到了一种观点或回答时，不要停下来贸然地接受，哪怕这一观点在情绪与价值观上与你契合，你都不能停下来，而是要继续搜索：找到三种不同的观点：支持、反对与中立。

现在，这三种观点中呈现出了矛盾的情况，它们各有道理，而你要采纳的态度就是全都不信，将这些仅仅当成是参考资料，针对每一种观点进行思考，然后，相互联系起来，并结合自己所遇到的实际问题通盘思考。此时，你就能筛选出一部分更恰当的内容，然后，再将这些内容进行思考。

这些参考资料通过你的思维加工，成为你自己的东西，用这个去解决问题，以验证是否有效。

5. 别让情绪主导你的思维走向

若你细心观察的话便会发现，你的思维与情绪往往是一种习惯性反应，它就如同条件反射一般。美国著名效能管理大师史蒂芬·柯维曾经指出过这样一个事实：在刺激与反应之间存在一段距离，我们的成长与幸福的关键就在于，如何更好地利用这段距离。

想象一下这样一个场景：

你在某公司3C产品业务部担任部长，平日里表现出色，受到了很多人的肯定。三个月前，你成为公司新产品开发专案的负责人。你很希望新产品可以成为业务部的主力产品，再加上上司对它也是倍加关注，因此，你更是在这一项目上投注了许多心血。

遗憾的是，你所管理的专案团队是一支混编队伍，八位成员分别来自业务部、技术部与设计部，所以从一开始时，便状况不断，过程中不是意见对立，便是遇到了技术上的难题，总是被时间追着跑，每每遇到状态时，你便会更严厉地要求自己："绝不允许失败！"

由于长时间承受高压，原本性格温和而稳重的你开始变得情绪化，遇到事情时，也总是以负面思考开始：下属对你的指示稍微表达一下反抗，你便大发脾气，甚至与对方大吵一架；对上司你也是心怀不满：都是因为他在当初未考虑到人员配置问题，才使你在后期管理上遇到了这样多的问题。

终于，到了必须要向上司报告项目进度的日子，但那天早上，你突然全身无力，甚至到了一起床就头晕目眩的程度，因此不得不向公司请假。

由于负面情绪不断增长，最后导致个人思维走向极端，严重影响自我表现，甚至被彻底压垮，这样的情况在现实生活中并不少见。

而这种任由情绪主导思维的行为其实是一种“蜥蜴逻辑”：爬虫类动物在处理生活挑战时，往往会产生此类情绪，比如，在面对自己认为无法应对的危险时立即逃跑或者恐惧，受到伤害以后愤愤不平、想要报复等。

如何走出此类思维误区？第一步，你要开始从理解到底是什么在影响着你的结果开始。

• 负面思考是导致恶果的关键原因

在同一种状况下，每个人都会产生不同的情绪，最重要的关键在于，人会“思考”。美国心理学家阿尔伯特·艾利斯曾经提出过可让情绪向着理性方向发展的“ABC理论”（图8-4），而这一理论，充分地说明了人的思考对情绪会产生多大的影响。

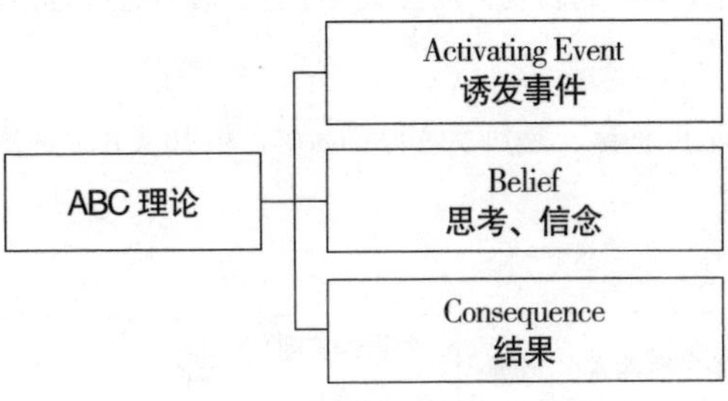

图 8-4 思维的 ABC 理论

在上面的案例中，使用ABC理论来分析的话，其压力来源便可归纳为：

对“你”造成压力的状况是“努力却未能获得明显项目进展”，就是A（诱发事件）。

“你”认为“绝不允许失败”，即为B（思考、信念）。

临近汇报时期，“你”越来越不安，并因此而生病，这就是C（结果）。

根据ABC理论，“努力却未能获得明显项目进展”，并不会直接导致C“越来越不安，并生病”，而是必须要经过B，也就是“你的思考”，才导致这个结果，使你倍感压力与痛苦。

• 强烈的主观思考引发了负面行为

生气、不安与沮丧等负面情绪，其实都是彻底的负面情绪。这些彻底的负面情绪很容易引发不好的行为，比如，攻击、逃避、自我否定等，导致问题恶化，令人无法发挥实力。

接着，再将这一结论套入ABC理论后进行重新整理，你会发现图8–5中的展示：

诱发事件的A即压力；

负面情绪影响到表现，或者做出令自己后悔的行为，相当于结果C；

从表面上来看，是因为A得到了C，但其实B才是决定结果的关键。

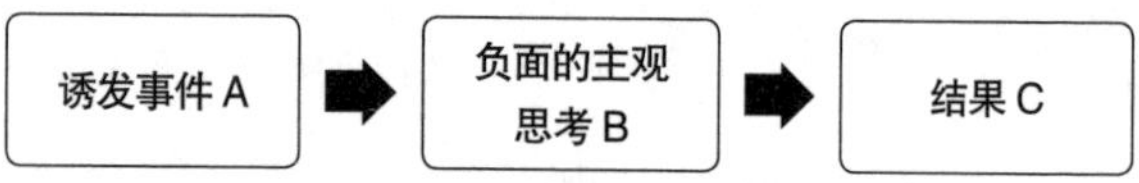

图 8–5　ABC 理论各环节的作用

也就是说，若B这一思维过程是负面的，那么C也会是坏的，而负面的B就是我前面提到的“强烈的主观思考”。

让我们再回到前面的例子中，“你”因为承受了过大的压力而导致生病、无法汇报工作。在这一过程中，造成负面结果的原因，恰恰是因为负面的思考：

一定得完成公司给你的任务；

绝对不可以失败，一定要做出成果；

一定要让大家都配合自己的行动。

表面上来看，这些好像都是积极而正面的思维，也可以从中看到你极大的报复与企图心，但强迫自己“一定要”做到某事的要求，恰恰是导致失败的关键。

也就是说，所有负面行为，都是因为强烈的主观思考而造成的。因此，想要战胜压力，让思维促进好结果的发生，就必须要善用负面情绪，诞生积极行为。

• 透过情绪的本质认识最最重要的事

认同自我情绪以后，你就必须要明确眼下自己最重要的事：眼下，任务期限日渐逼近，你最重要的事情是浪费时间去与团队作对，还是要让大家都来配合自己？

强烈的主观思考会引发无谓的负面情绪，而这种负面情绪最可怕的地方就在于，它会让你忽视“最重要的事只有一件”这种客观事情，因为情绪宣泄所带来的一时快感，你会不断地将宝贵的精力与越来越紧迫的时间放在那些原本应该被忽略的事情上。

想要将自己的注意力重新导向理性思维，你就必须要思考这一问题：我需要的是什么？是情绪宣泄还是完成工作？

在上面的例子中，在承受过大压力时，你完全可以询问自己：

我的工作是完成任务，还是要发泄情绪？

我现在关注“是否会失败”更重要，还是关注“是否能完成更多工作”更重要？

我是要大家“配合”我，还是要大家“反对”我？

想清楚这些内容，坦然地承认哪些事情最重要，你才能注意到真正重要的事情。

• 别让自己陷入绝对化的思维

再回到我们之前的例子，如果你想在专案汇报中得到好结果，就必须要调整你的思考，将之转变成“好思考”：

我最好能完成公司给我的任务；

我尽可能不失败；

我想做出成果；

我希望能得到大家的配合。

在这种思考之下，你会选择更恰当地应对负面情绪的行动：

因为“担心”进度落后，而尽可能地“做足准备”；

因为无法与同事达成共识而感觉“不高兴”，于是试着与对方“沟通”；

因为同事总是不愿意听取自己的意见而“不满”，于是，“反省”自己的问题；

发现有可能会失败而感觉“沮丧”，因此，通过“分享”来舒缓情绪，并与所有人一起，找出解决方法。

也就是说，避免压力的最好方法，就是不要将目标、价值与企图视为绝对化的要求，而是将之当成希望与期待。这样一来，即使是在有压力的情况下，也可以避免被坏情绪控制，导致冲动行事，进而做到更理性的思维。

这些都是在负面情绪之下选择更积极行动的具体做法。这样做最大的好处就在于，它们可以帮助你摆脱负面情绪的干扰，让思维向着发挥实力而非阻挠实力的方向发展。

6. 面对优质内容，从消费者变身“创造者”

著名天使投资人、知识管理者李笑来曾经给自己的粉丝布置过一篇作业，请他们用一两天时间，仔细地研究一下自己的朋友圈，看看自己曾经转发过什么样的文章，并如实地记录自己当时的心理。再仔细研究一下朋友们转发的文章，多耗费一些时间，去揣测一下他们在转发时的心理。

在我看来，这其实是请个人审视自我成长历程的一个具体过程：我每天也会收藏与转发一定数量的文章，并按着这一主题来解析，如果文章是由自己来写的话，文章会如何列目录、如何具体走向；现在了解了别人写作方法后，我又要如何调整、如何安排文章主题。而这些我所解析的文章大多都与写作、学习、个人成长、个人知识管理这一类主题相关——这与我所关注的公众号类型相关。

这样做最直接的目的就在于，我希望自己可以在不断学习、进步与成长的过程中，通过写作输出相应的文章，让自己的学习、成长过程，形成一个积极的闭环，实现持续的循环上升。

在我看来，这也是面对优质内容时个体最应该做的：如果你将从优质内容中汲取营养，让其为自我成长所用，你就必须要跳出单纯的“内容消费者”角色，而是要转而去做一个内容背后的评价者、思考者、研究者与创新者。

• 做创新者，才会形成主动成长

影响个人深度思考能力的第一个主要区别在于，有些人选择了主动思考，有些人则选择了由外界推动着、被动地去思考。

有些人每天都会阅读、学习，在工作与生活中，他们也会主动地选择那些优质内容当成自己学习的对象，但是你审视他们的成长速度却会发现，他们虽然每日看起来都很勤奋、很努力，但他们真正从优质内容中获得的知识少之又少。

而那些能够通过优质内容调整成长的人则是这样的：他们不仅主动从优质内容中学习，还每天思考怎样才能改进这些优质内容，在工作中，他们也会分析优势竞品与行业安全，主动地听课、看书、学习与充电，并针对自己的工作进行有效的反思与总结。

被动思考的人虽然也在成长，但他们的成长速度明显不如主动思考者：后者通过掌握正确的方式，基本上每天都在成长与进步，而这些成长与进步又会反过来促进他们产出内容的变化，从而实现个人思考能力、做事能力上的全面突破。

而这也恰恰是从“消费者”变身“创造者”所产生的最积极作用：当你仅仅是一个内容消费者时，你的关注点在于内容的享受、休闲上，而当你作为一个内容的评价者、思考者、研究者与设计者时，你却会站在更高的角度去看待内容，并从中受益。

• 看过并不等于懂了，更不等于会用了

为什么明明看过很多优质内容，但在现实运用时，自己依然感觉无内容可调用？关键就在于，你未将优质内容有效消费。

◆ 面对优质内容，我们关注流量胜于存量

这是一种先天劣势：我们的大脑更关注流量，而非存量，所以在看书、看视频、看网文时，我们的注意力往往更多地放在自己阅读了多少（知识流入量）上，并误以为，自己阅读了，便是消化了、吸收了；但事实上，我们很少关注自己原有的知识存量与创作者的知识存量是否存在巨大差异，更遑论自己的存量在“阅读前”与“阅读后”对比增加了多少了。

◆ 阅读的知识技能转换率存在着明显差距

表 8–4 你有必要了解的知识技能概念

转化率：能够最终被理解运用的知识比率
知识存量：知识的总储备量
增强回路：知识总储备量越多，特定转化率下的知识流入量越多，进而生成更多的知识存量

正如表8–4所展示的那样，长期立足于创新者角度对优质内容展开思考的人，与那些长期运用消费者思维单纯地接受优质内容的人，他们之间最大的不同就在于，前者拥有更高的知识转换率。

这就好比大家同样接手一项工作，知识转换率高的人在工作过程中，可以获得更多实践经验与洞见，进而使自我知识存量进一步扩大。而那些经常有机会与行业杰出人物交流的人，也往往拥有相对较高的知识转换率，因为他们在交流的过程中，拥有更策略化、更深入化的学习思考方法。

这便解释了为什么思维方式的不同会导致个人能力出现极大差异。而我们想要获得深度思维能力与学习能力，必须从消费者变身为创新者。

• 从消费者变身创新者

在上面的阐述中，我们可以了解到这样的事实，消费者的成长速度与思考深度，都不及创新者。

消费热点内容的确会带来巨大的快感，这一点在你观看那些热门的影视剧、综艺节目中所获得的快乐中可见一斑：身为产品运营的你或许经常观看如同《欢乐颂》《猎场》《奔跑吧兄弟》《爸爸去哪儿》一类的节目，而且自我感觉良好，并认为自己是在“了解热点、学习新东西”，可实际上收获寥寥。

可若有人问你：“为什么《爸爸去哪儿》这个节目会这样火？”你要怎样回答？

节目有趣？有很多明星？韩国引入？……这些流于表象的消费内容，并不会帮助你真正地在运营能力上获得多少成长。

而正确的创新与深入思考姿势则是这样的：先分析、再研究、再对比、再创新设计。

比如，你看到《逻辑思维》这一知识类脱口秀视频很火，可是，如果你真的想从这一节目中有所学习收获的话，那你就不能抱持着轻松的态度看一遍了事，同时还要做这些事情，加深学习这一节目，以促进自我运营能力的提升。

1）数据分析：将《逻辑思维》的所有视频标题、播放量、转发量、评论量列入Excel表格中，从中观察趋势的变化，并以播放量为标准做排序，选出最热门的三个视频。

2）洞察分析：认真看完位列前三的最热门视频后，思考并写下，视频的哪一方面激发人们的什么共鸣？用户转发的理由是什么？写完后，再逐条翻视频与微博评论，看是否与自己分析的一致。

3）结构分析：将视频的不同部分总结、归纳与罗列下来，形成整个视频的故事链，并分析这一故事链条的优势与不足，以及分析主讲人是如何铺垫、起承转合、引入高潮的。

4）用户研究：找若干人看这些视频，并观察他们在这些视频中的表情变化，他们在何处皱眉了？什么话语让他们微笑了？记下对应的内容，并深入思考，为什么这些内容可以引发用户有效反应。

5）台词研究：对主讲人的台词、语言表达方式进行分析，并找出那些引发人们反思的语言特征与铺垫技巧。

6）同类对比：分别找出同类优秀视频与普通视频，三者进行对比，分析并观察三者因素上的异同，以及对应下的火爆度。

7）创新想象：想象如果现在由自己设计、主讲一款同类节目的话，要如何设计某一主题？如何运用从《逻辑思维》中得到的知识点？如何在摆脱该节目不足的同时，加入自己的特点？

通过对上面的分析与深度思考以后，你对该节目运营与设计的了解，与只当休闲娱乐节目看了一遍对比，肯定领先了不止一个层次。

这也恰恰是由消费者变身创新者能带来的最积极意义：你不仅有效复制了他人成功的经验，同时还深度思考了方法背后的规律，而这种深度思考将是你上升至更高层次的基础所在。

7. 在假设中汲取预见的营养

素有“日本战略之父”的管理学家大前研一曾提出过这样的观点：“为了达成某一目的，假说与验证是非常重要的过程。”然而，观察身边的人与事就会发现，在日常工作与生活中，其实很少有人真的养成这种深度思考的习惯。

运用假设来思考，最先带来的好处就是，它可以让你摆脱“前例主义”，即只依靠过往的经验与已获得的资料做事，导致被过往与已知所束缚。可是，未来所发生的事情大部分都是未知的、过去从来没有发生过的，如果一味地依靠资料来决策，那么个人深度思考习惯便会丧失，创造力与先见力也会因此而失去生存的空间。

拿很多企业家的思考方式来说。假设你创办了一家企业，在创业三年后，员工人数从原来的3人变成了50人。某日，你在看财务报表、思考下一季度的计划时想着：“明年至少要150万营业额，否则，连50个员工的薪水都支付不起。”

可你猛然间意识到：“从创业期的蓬勃发展，到现在的守成阶段，原来，我的公司就是这样逐渐地失去了战斗力！”

在结算过往的资料时，以过去的资料为基础，当成对明年愿景的假设建立起基础，如此一来，你就只能从“过往的成绩”延伸出灵感。这种思维方式其实就如同一开始就把自己局限住，陷入所谓的“前例主义”之中。

• 你从过往借鉴的过多，受到的思维阻碍越多

所谓“前例主义”，即以“情报→假设”这样的顺序来思考事情，因为想要认真地面对问题，就必须要事先收集一堆资料，再从中间产生想法，建立起假设。

不过，这样的思维习惯其实隐藏着你未曾意识到的陷阱，比如，当市场缩水时，账面上的数字便会不好看，为了降低风险，你自然会否决一堆未来有可能创造出更高营业收入的决定——这就是“被数字牵着鼻子走”的现实案例，而这种案例在生活中比比皆是。

我们必须要注意到这样的现实：数字具体如何安排、如何呈现，都是由人来创造出来的，其背后多半隐藏着某种意图。也就是说，单纯地根据数字来做判断，这个动作本身就可能是错误的，但我们往往会以为它是绝对正确的。

这就意味着，如果你不想错过原本该属于自己的机会，你就应该将图8-6中的思考顺序调整成图8-7所示。

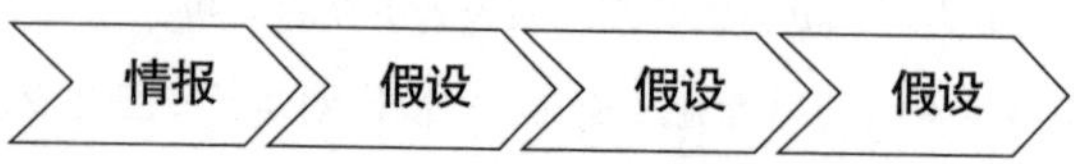

图 8-6　让你丧失假设能力的思考顺序

图 8-7　强调假设能力的思考顺序

不过，想培养图8-7的思考顺序并不简单，它需要你在面对难题时抱持谨慎的态度，不要为了解决问题而急着去搜集资料，而是要依靠那些过往的经验，以及自身的价值观，先建立起假设，再来看数字，如果数字与假设相违背，再思考："是否还有其他的资料？"进而再开始搜集资料。

这一方法，更有机会让你发现新的假设与新的解决问题办法。

• 依靠经验建立起假设，便不断涌现灵感

日本著名的漫画家佐渡岛庸平曾经打造出《龙樱》《宇宙兄弟》等多部畅销漫画，他在绘画的过程中，所依靠的就是假设思维。

佐渡岛庸平的作品之一《宇宙兄弟》刚推出时，读者的反应不是很热烈。这和他最开始的假设不符，毕竟《宇宙兄弟》作者小山宙哉很有特色，作品十分有趣，应该会畅销。

他去找读者回函，发现回信的读者多半是30岁、40岁的人，所以他假设"读者回函的管道落伍，导致反应低迷"。或许只要转变成"年轻人也能轻易寄出回函"的做法，市场反应就会完全不同。

因此，他着手以手机网站来进行问卷调查，果真回函的平均年龄比用传统明信片回函的读者年轻了5岁以上，而且这群新的读者对小山宙哉的评价都非常好，从中证明《宇宙兄弟》不是不好，而是读者为年轻人。

• 假设时，想想自己必须要顾及的角度

有时候，我们不仅会自己去假设，也会听取他人的假设意见，此时，我们需要顾及的是个人的立场与初心。这也是听取假设性意见中最重要的一部分：它关系着你是从何种角度得出结论的。

同样是房价这件事情，假设者的身份分别为"开发商""政府官员"与"民众"时，得出来的假设是完全不同的。

开发商喜欢的假设是喜欢房子卖200万胜过卖100万，而这套房子到底是在已有三套房的人手里，还是在首次购房者手中，其实是他们最后才关心的。

政府官员喜欢的假设，是人人都有房住，经济健康可持续发展，胜过开发商炒作房地产泡沫高涨。

对于普通民众来说，有房人的假设是喜欢房价涨胜过房价跌，无房者的假设是喜欢房价跌胜过房价涨。

因此，在听取他人的假设性意见时，我们有必要抛开自己的思维方式，多站在对方的角度想一下为什么：为什么他会这样假设？为什么他假设的有道理/没有道理？我又可以从他的假设中获得怎样的新知？

当无法理解一种意见时，想想发声者的背景，不仅能够增进理解度，同时也会更了解为什么对方要做出这样的假设。

• 若假设无市场，你要怎么办

很多人在做事时，出发点往往是建立在假设基础上。仅拿创业这件事情来说，很多人习惯这样假设：假设我推出什么服务，开发出什么新产品，假设这一产品/服务会给我带来××客户，并按着行业特定价格购买这一产品/服务，我将在几年内实现多少增长。

提出假设，再发开发产品，然后公测、内测，最后正式发布——这是大部分新公司对新产品的开发流程，可无数的公司与产品，就在这看似无可挑剔的过程中落败了。

为什么？

原因很简单：在假设过程中，大家用的都是“以产品为核心”的思路。

“以产品为核心”的直接假设基础就是“这个产品有市场”，可谁也不能保证新产品（特别是那些带有新功能的产品/新品牌的产品）

一投放市场就会被市场迅速接纳。真正卖得好的产品，一定要赢得实用派与保守派这两大主流客户。

这就意味着，当你需要运用自己的假设时运作某一现实实物时，你必须要建立在两个假设基础上：一个是价值假设；一个是增长假设。

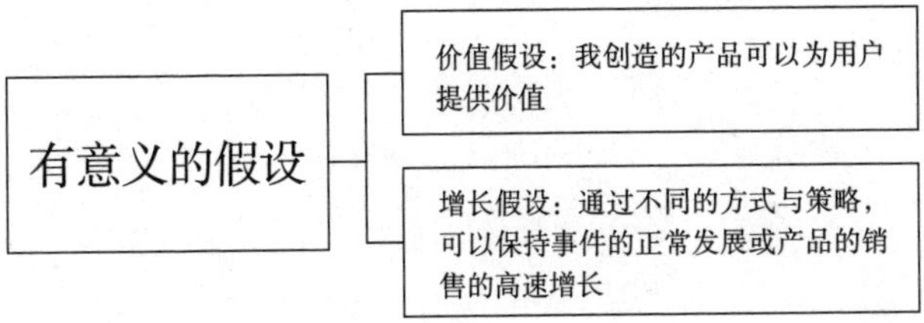

图 8–8　两种有意义的假设

如果你想要让自己的预见成立，你就必须要让图8–8所提示的两种假设成立：通过最小化的成本消耗，产出最精简的结果来验证自己的假设；在验证的过程中，不断地调整各类策略与计划，确实不行时，还有及时退出的余地。

通常情况下，假设是一种“站在未来想事件”的能力。这就意味着，想要假设成功，你就必须要解决两件事情：第一，你要知道自己要解决的事情到底是什么；第二，你可以为这一事情提供怎样的解决方案。假如在一切未知的情况下贸然确定方向，那么你的假设便极有可能失败。因此，更科学、更合理地通过假设来想象未来事件发展的空间，并制定好相应的合理策略，这才是假设对于解决现实问题真正的意义所在。